数字技术应用

主编 盛鸿宇　吴升刚　芦　星
参编 朱元忠　高　登　王　强　陈孟祥

机械工业出版社

本书坚持以实践经验和策略习得为主，辅以适度够用的简化概念及基本原理，利用"用中学、思中创"，以典型职业岗位工作任务的形式，阐释了数字、数据如何源于业务、成于技术、衷于价值、归于业务。本书包含数据分析初体验、招聘岗位数据模型创建、招聘岗位数据整理、招聘岗位数据分析、招聘岗位图表展示、招聘岗位分析报告、实习就业分析系统、日常会议分析系统、智能耳机成本分析系统9个单元。

本书紧扣数字技术应用前沿，脉络清晰、例证翔实、深入浅出、步步精进，可以作为高等职业教育计算机、大数据、人工智能等相关专业群的专业基础课程教材，也适合中等职业学校的学生和教师使用，亦可作为广大数据分析从业者、爱好者、办公人员、科研人员的参考和学习用书。

为方便教学，本书配备微课视频、课程标准、电子教案、电子课件等教学资源。凡选用本书作为教材的教师均可登录机械工业出版社教育服务网 www.cmpedu.com 注册后免费下载。如有问题请致信 cmpgaozhi@ sina.com，或致电 010 – 88379375 联系营销人员。

图书在版编目（CIP）数据

数字技术应用 / 盛鸿宇，吴升刚，芦星主编.
北京 ： 机械工业出版社， 2024. 7. -- ISBN 978 – 7 – 111 – 76148 – 8

Ⅰ. TN01

中国国家版本馆 CIP 数据核字第 20240HA836 号

机械工业出版社（北京市百万庄大街 22 号 邮政编码 100037）
策划编辑：赵志鹏　　　　　　责任编辑：赵志鹏
责任校对：樊钟英　薄萌钰　　封面设计：马精明
责任印制：常天培
固安县铭成印刷有限公司印刷
2024 年 9 月第 1 版第 1 次印刷
184mm × 260mm · 12. 75 印张 · 284 千字
标准书号：ISBN 978 – 7 – 111 – 76148 – 8
定价：49. 80 元

电话服务	网络服务
客服电话：010 – 88361066	机 工 官 网：www.cmpbook.com
010 – 88379833	机 工 官 博：weibo.com/cmp1952
010 – 68326294	金 书 网：www.golden-book.com
封底无防伪标均为盗版	机工教育服务网：www.cmpedu.com

前　言

智能化、数字化是新质生产力的重要特征。随着国家数据局等十七部门联合印发《"数据要素×"三年行动计划（2024—2026年）》的落地、落实，释放数据创新要素活力，数据要素乘数效应将进一步推动新质生产力的发展，实现传统产业"存量焕新"、新兴产业"增量换乘"，其催生的新业态将成为数字经济发展的新动力。

在"数据要素×"新时代即将全面开启之际、乘时代之势、应时代之需、展时代之华，本书依托实际产业平台从复杂业务场景凝练而来的数字应用和分析能力，坚持"技术为教育"，以《提升全民数字素养与技能行动纲要》中对于数字社会公民学习工作生活应具备的数字获取、制作、使用、评价、交互、分享、创新等一系列素质与能力的集合为出发点，培育数字应用能力，培塑数字思维、数字生产、数字创新能力，为数字素养的综合提升提供切入口和落地支点。

本书共包含9个单元，带领不同专业、不同领域的读者由局部到全局、由易到难地理解数据分析业务模式，体悟数字价值，培育数字素养，为后续的学习打下良好的基础。

单元1以"招聘数据分析系统"业务场景体验入手，让读者"体验着学"，体悟数据分析的奇妙意境。

单元2~单元6以建设数据分析系统贯穿始终，通过数据建模、数据整理、数据分析、数据展示、分析报告五大模块，让读者"跟着做"。依托"数字技术应用实践平台"，完成真实岗位环境和条件下的工作任务，从实际应用案例出发，对数据进行多角度、多维度、全方位分析。

单元7~单元9提供了三个特色实战项目——"实习就业分析系统""日常会议分析系统"和"智能耳机成本分析系统"，帮助读者建立体系化的行业数据分析框架，让读者"自己学"，在数字转换为分析图形过程中，提升自我的分析意识和数字素养，让数据分析成为在工作和生活中批判思考、解决问题的寻常技能，最终实现"数字触手可用，人人皆可分析"。

本书锚定技术变革和产业优化升级的方向，采用项目贯穿的形式安排教学内容，以工作任务为核心选择和组织专业知识体系，融合数据思维、分析方法、场景应用等多因素于实践教学，激发读者对数据价值的探究兴趣，使从未接触过编程的人员，也能迅速掌握通过图形化配置方式完成数据分析的方法，由表及里、夯实基础，同时具备项目再生产能力，满足数字高阶实战创新需求，助力读者的数字意识、数字思维和数字素养落地。

本书由北京联合大学盛鸿宇、北京电子科技职业学院吴升刚、北京久其软件股份有限公司芦星任主编，其他参与编写的还有北京工业职业技术学院朱元忠、湖南科技职业学院高登、山东工业职业学院王强、邵阳工业职业技术学院陈孟祥。

此外，感谢北京久其软件股份有限公司提供的技术平台及石立华、杨瑞红、许新忠、卞君岳、姚娟、翁建颖、靳晓翠、赵立童等人员（人员排名不分先后）的大力支持。

本书中所用的系统名称、业务名称、数据等信息为脱敏后的信息，如有雷同，纯属巧合。

本书编者为此书虽付出诸多努力，但因水平有限，难免会有疏漏和不足，敬请广大读者批评指正，以期不断完善。

编　者

二维码索引

目　录

目
录

数字技术应用

单元 1
数据分析初体验

数据分析，乍一听好似离生活很遥远，但却时时刻刻萦绕耳畔。琪琪是一名高职院校的大一新生，带着对数据分析的不解与好奇，寒假选择来到久其软件公司进行为期六周的短期实习，主要工作职责为根据部门要求，学习设计并建设简单的业务分析系统。

企业导师给新员工琪琪安排的第一项考核任务是：体验数据分析系统的应用，即学会使用"招聘数据分析系统"，认知"招聘数据分析系统"的主要功能，体会将数据转化为更直观、更易理解的图表，初步了解能够展现数据价值、洞察业务态势的重要工具——数据分析系统。

📶 学习目标

1）了解简单的数据分析系统
2）体验多种维度数据分析与可视化过程
3）学会导入数据、查看图表等功能
4）提升对数据分析结果的解读能力

任务 1.1 招聘岗位数据分析

1.1.1 任务描述

"招聘岗位数据分析"是"招聘数据分析系统"的第一个数据分析模块，主要使用已经收集和整理好的各类岗位数据，包括岗位所属省市（所属省份及所属城市）、学历要求和薪资范围等进行数据可视化分析，利用"数字技术应用实践平台"进行招聘数据分析和可视化展示，从而帮助企业更好地了解人才市场、制定招聘策略以及评估企业的人力资源状况。

本次任务的主要目标是对招聘数据进行分析，并以图表的形式呈现，使招聘决策者能够更清晰地了解各方面的数据，包括薪资范围、公司规模、所属省市、学历要求等。

招聘岗位数据图表呈现效果如图 1-1 所示。

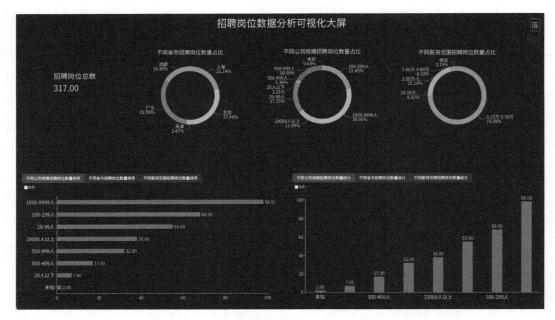

图 1-1　招聘岗位数据图表呈现效果

注：图中"20 人以下"不含 20 人，"10000 人以上"含 10000 人，后同。

1.1.2　知识解析

1. 数据

数据是指任何可以被存储、分析或处理的信息的集合，是人们通过观察、实验或计算得出的结果。

数据可以是数字、文字、观测记录、图像等形式，数据和信息不可分离，数据是信息的表现形式和载体，信息是数据的内涵。原始数据是直接通过观测、测量或收集得来的未经处理的信息，经过整理或加工，比如经过分类、计算或汇总后，可以提取有价值的信息。

数据总体可以分为定性数据和定量数据。

（1）定性数据

定性数据也称为分类数据，是一种非数值型数据，通常表现为有限的类别，比如员工性别可以分为男和女两类。

（2）定量数据

定量数据是数值型数据，是按照一定测量单位对事物量化的结果，比如员工年龄是 25 岁。

2. 数据分析

数据分析是指使用统计、算法等技术手段对收集来的大量数据进行检查、清洗、转换和建模的过程，目的在于发现有用的信息、提出结论，并支持决策制定。

在数据分析过程中，分析师会使用各种技术和工具，从原始数据集中提取有价值

的数据点、模式和趋势，以便更好地理解数据，并基于这些信息做出业务或研究相关的决策。

数据分析的一般流程如图 1 - 2 所示。

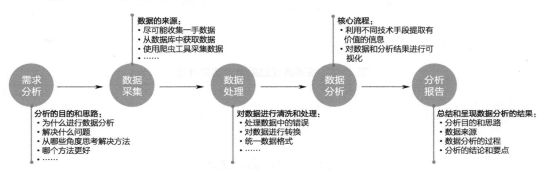

图 1 - 2　数据分析的一般流程

3. 维度、度量和指标

维度用来描述数据的属性或特征，可以看作是数据的分类方式。**维度通常是文本形式，用于组织、分割或以某种方式对数据进行分类，以便分析。** 例如，在销售数据中，"产品类别""地区"或"销售渠道"都可以是维度，它们用来对销售活动的不同方面进行描述和分类。

度量是对数据的数值量度，通常用于计算或汇总，是可以进行数学运算的数据。**度量反映某个维度的量化值，例如"销售额""成本"或"利润率"。度量是可以被加、减、乘、除的数值，用于评估和比较维度的性能或状态。**

指标是由一个或多个度量计算得出的关键性能指数，用于评估和衡量业务过程的效率、效果或其他关键成功因素。**指标是决策过程中的重要依据，能够提供业务绩效的直观概括。** 例如，"顾客满意度得分"或"每客户平均收入"都是通过特定公式从基础度量中计算出来的指标。

1.1.3　任务实现

登录"招聘数据分析系统"，查看与本次任务相关的招聘岗位数据分析系统菜单，如图 1 - 3 所示。

1. 数据录入

单击菜单"数据录入"，单击子菜单"招聘岗位数据录入"，打开"招聘岗位数据录入"功能界面，如图 1 - 4 所示。

拖拽窗口滚动条到最底端，单击最后一行数据，数据录入区域出现新增行，然后单击新增行第一个单元格使其处于选中状态，如图 1 - 5 所示。

招聘岗位数据分析

□ 数据录入　　　　　　　　∧
　□ 招聘岗位数据录入
　□ 企业招聘工作数据录入
□ 招聘岗位数据仪表盘　　　∧
　□ 公司规模-岗位数量
　□ 所属省市-岗位数量
　□ 薪资范围-岗位数量
　□ 招聘岗位数据分析大屏
□ 企业招聘工作分析表　　　∧
　□ 企业招聘工作数据分析表

**图 1 - 3　招聘岗位数据
分析系统菜单**

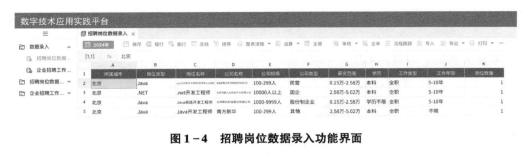

图1-4 招聘岗位数据录入功能界面

316	天津	建筑机电工程师	电力工程项目经理	天津汇业电力科技有限公司	20-99人	民营	0.15万-2.58万	本科	全职	5-10年
317	天津	普工/操作工	技工、操作工、维修钳工	天津通天科技有限公司	20-99人	股份制企业	0.15万-2.58万	中专/中技	全职	5-10年
318	天津	C#	系统开发工程师	天津聚智汇人力资源有限公司	20人以下	民营	0.15万-2.58万	大专	全职	10年以上
319										

图1-5 新数据录入区域

打开"招聘岗位数据.xlsx"文件，表格中包含"岗位类型""岗位名称"等11列数据，分别选择"吉林"和"江苏"两个省份的招聘岗位数据，如图1-6所示。

吉林	图像识别	软件工程师（数字图像处理）	长春市吉海测控技术有限责任公司	20-99人	股份制企业	0.15万-2.58万	本科	全职	5-10年	1
吉林	城市经理	助理城市经理 长春 流通零售	Nestle China/雀巢（中国）	10000人以上	外商独资	0.15万-2.58万	大专	全职	5-10年	1
吉林	商务经理	商务经理 Trade Provincial Manager	法国施维雅	1000-9999人	外商独资	0.15万-2.58万	大专	全职	5-10年	1
吉林	IT技术/研发总监	信息总监【20k-30k月薪，仍有更高的可谈空间，股权激励】	国友线缆集团有限公司	1000-9999人	民营	2.58万-5.02万	本科	全职	5-10年	1
吉林	产品经理	产品经理	成都纳新企业管理咨询有限公司	20-99人	民营	2.58万-5.02万	本科	全职	5-10年	1
吉林	商务专员	商务专员（药品）	石药集团	10000人以上	股份制企业	0.15万-2.58万	大专	全职	5-10年	1
吉林	生产经理	包装车间经理	欢创信息	100-299人	民营	0.15万-2.58万	学历不限	全职	不限	1
吉林	销售工程师	Sales Specialist - Product(84952522)	ABB	10000人以上	外商独资	面议	本科	全职	5-10年	1
吉林	生产文员	生产文员	富赛汽车电子有限公司	1000-9999人	国企	0.15万-2.58万	大专	全职	5-10年	1
吉林	高级管理职位	干部管理岗（中层）	中机农业发展投资有限公司	20-99人	国企	0.15万-2.58万	本科	全职	5-10年	1
吉林	党务/党群	党群工作主管	一汽出行	100-299人	国企	0.15万-2.58万	本科	全职	5-10年	1
吉林	架构师	软件架构师	长春国科精密光学技术有限公司	100-299人	国企	0.15万-2.58万	本科	全职	5-10年	1
吉林	渠道经理	销售经理	山东欧标信息科技有限公司	20-99人	民营	0.15万-2.58万	大专	全职	5-10年	1
吉林	网络信息安	IT Security 信息安全	深圳市万泉河科技股份有限公司苏州分公司	20-99人	上市公司	0.15万-2.58万	本科	全职	不限	1

图1-6 选择文件中的招聘岗位数据（部分）

复制选中的数据后，返回"招聘岗位数据录入"界面，将数据粘贴到录入区域，如图1-7所示。

317	天津	普工/操作工	技工、操作工、维修钳工	天津南天科技有限公司	20-99人	股份制企业	0.15万-2.58万	中专/中技	全职	5-10年	1
318	天津	C#	系统开发工程师	天津聚智汇人力资源有限公司	20人以下	民营	0.15万-2.58万	大专	全职	10年以上	1
319	吉林	图像识别	软件工程师（数字图像处理）	长春市吉海测控技术有限责任公司	20-99人	股份制企业	0.15万-2.58万	本科	全职	5-10年	1
320	吉林	城市经理	助理城市经理 长春 流通零售	Nestle China/雀巢(中国)	10000人以上	外商独资	0.15万-2.58万	大专	全职	5-10年	1
321	吉林	商务经理	商务经理 Trade Provincial Manager	法国施维雅	1000-9999人	外商独资	0.15万-2.58万	大专	全职	5-10年	1
322	吉林	IT技术/研发总监	信息总监	国友线缆集团有限公司	1000-9999人	民营	2.58万-5.02万	本科	全职	5-10年	1
323	吉林	产品经理	产品经理	成都纳新企业管理咨询有限公司	20-99人	民营	2.58万-5.02万	本科	全职	5-10年	1
324	吉林	商务专员	商务专员（药品）	石药集团	10000人以上	股份制企业	0.15万-2.58万	大专	全职	5-10年	1
325	吉林	生产经理	包装车间经理	欢创信息	100-299人	民营	0.15万-2.58万	学历不限	全职	不限	1
326	吉林	销售工程师	Sales Specialist- Product(84952522)	ABB	10000人以上	外商独资	面议	本科	全职	5-10年	1
327	吉林	生产文员	生产文员		1000-9999人	国企	0.15万-2.58万	大专		5-10年	

图1-7 粘贴招聘岗位数据到录入区域

同时，在界面下方有"招聘数据指标－岗位总数"的页签，此选项卡页显示招聘岗位统计总数。当录入新的数据后，需要单击窗口顶部工具栏中的"全算"按钮，更新当前招聘岗位数据相关统计公式计算结果，如图1－8所示。

图1－8　录入后数据重新计算

在"是否保存确认?"窗口单击"保存"按钮，然后单击窗口底部的页签"招聘数据指标－岗位总数"，查看"招聘岗位总数量"计算结果，如图1－9所示。

招聘岗位数据录入 ×
2024年　保存　冻结　整表清除▼　运算▼　全算　审
[1,2]　fx　ZPGWSJZB[GWZS] = ZPGWSJMX[GWSL,SUM]

	A	B
1	招聘岗位总数量	368

图1－9　招聘岗位总数量计算结果

2. 招聘岗位数据分析

单击菜单"仪表盘"，单击子菜单"公司规模－岗位数量"，查看不同公司规模招聘岗位数量的可视化图表，如图1－10所示。

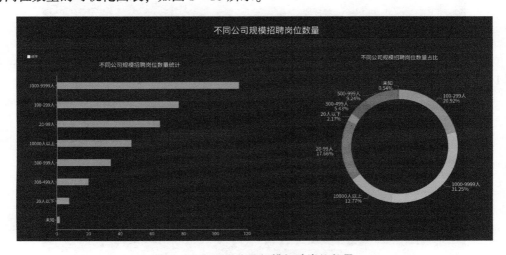

图1－10　不同公司规模招聘岗位数量

单击子菜单"所属省市－岗位数量"，查看不同省市招聘岗位数量的可视化图表，如图1－11所示。

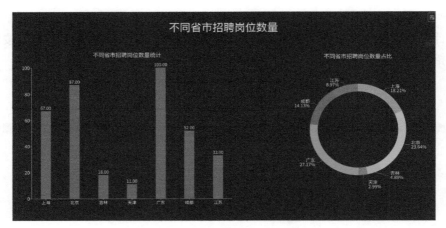

图 1 - 11   不同省市招聘岗位数量

　　单击子菜单"薪资范围 - 岗位数量"，查看不同薪资范围招聘岗位数量的可视化图表，如图 1 - 12 所示。

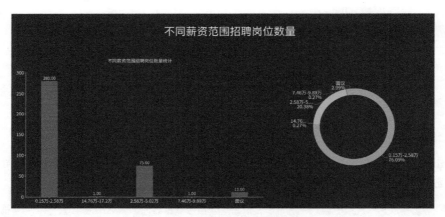

图 1 - 12   不同薪资范围招聘岗位数量

　　单击子菜单"招聘岗位数据分析大屏"，查看招聘岗位数据分析可视化大屏，如图 1 - 13 所示。

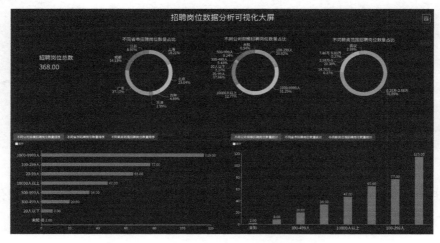

图 1 - 13   招聘岗位数据分析可视化大屏

3. 数据分析结果解读

通过数据分析可视化大屏的呈现，可以看到招聘岗位总数量是368个，不同维度下招聘岗位数量分析如下：

(1) 不同公司规模招聘岗位数量

公司规模在1000—9999人的招聘岗位最多，有115个；公司规模在20人以下的招聘岗位较少，有8个；公司规模未知的招聘岗位最少，有2个。

(2) 不同省市招聘岗位数量

招聘需求最大的三个省市是广东、北京和上海，招聘需求最小的是天津。

(3) 不同薪资范围招聘岗位数量

超过70%的招聘岗位薪资范围在0.15万元至2.58万元之间。

任务1.2　企业招聘工作数据分析

1.2.1　任务描述

“招聘数据分析系统”的另一个数据分析模块为“企业招聘工作数据分析”。它是针对招聘流程各个环节的记录数据进行分析，包括应聘者数量、面试通过率和到岗率等数据，帮助人力资源管理人员快速识别趋势、问题和机会，提高招聘效率和质量，以支持企业在招聘策略及管理上做出更明智的调整。

本次任务针对不同招聘阶段的诉求，分析招聘任务完成情况、招聘质量、各个阶段的转化率等，如图1－14所示。

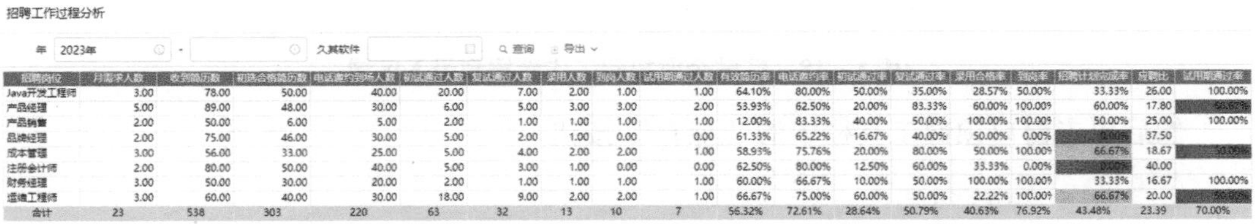

招聘岗位	月需求人数	收到简历数	初选合格简历数	电话邀约到场人数	初试通过人数	复试通过人数	录用人数	到岗人数	试用期通过人数	有效简历率	电话邀约率	初试通过率	复试通过率	录用合格率	到岗率	招聘计划完成率	应聘比	试用期通过率
Java开发工程师	3.00	78.00	50.00	40.00	20.00	7.00	2.00	1.00	1.00	64.10%	80.00%	50.00%	35.00%	28.57%	50.00%	33.33%	26.00	100.00%
产品经理	5.00	89.00	48.00	30.00	6.00	5.00	3.00	3.00	2.00	53.93%	62.50%	20.00%	83.33%	60.00%	100.00%	60.00%	17.80	66.67%
产品销售	2.00	50.00	6.00	5.00	2.00	1.00	1.00	1.00	1.00	12.00%	83.33%	40.00%	50.00%	100.00%	100.00%	50.00%	25.00	100.00%
品牌经理	2.00	75.00	46.00	30.00	5.00	2.00	1.00	0.00	0.00	61.33%	65.22%	16.67%	40.00%	50.00%	0.00%	0.00%	37.50	
成本管理	3.00	56.00	33.00	25.00	5.00	4.00	2.00	2.00	1.00	58.93%	75.76%	20.00%	80.00%	50.00%	100.00%	66.67%	18.67	50.00%
注册会计师	2.00	80.00	50.00	40.00	5.00	3.00	1.00	0.00	0.00	62.50%	80.00%	12.50%	60.00%	33.33%	0.00%	0.00%	40.00	
财务经理	3.00	50.00	30.00	20.00	2.00	1.00	1.00	1.00	1.00	60.00%	66.67%	10.00%	50.00%	100.00%	100.00%	33.33%	16.67	100.00%
运维工程师	3.00	60.00	40.00	30.00	18.00	9.00	2.00	2.00	1.00	66.67%	75.00%	60.00%	50.00%	22.22%	100.00%	66.67%	20.00	50.00%
合计	23	538	303	220	63	32	13	10	7	56.32%	72.61%	28.64%	50.79%	40.63%	76.92%	43.48%	23.39	70.00%

图1－14　招聘阶段数据

1.2.2　任务实现

登录“招聘数据分析系统”，查看与本次任务相关的系统菜单，如图1－15所示。

企业招聘工作数据分析

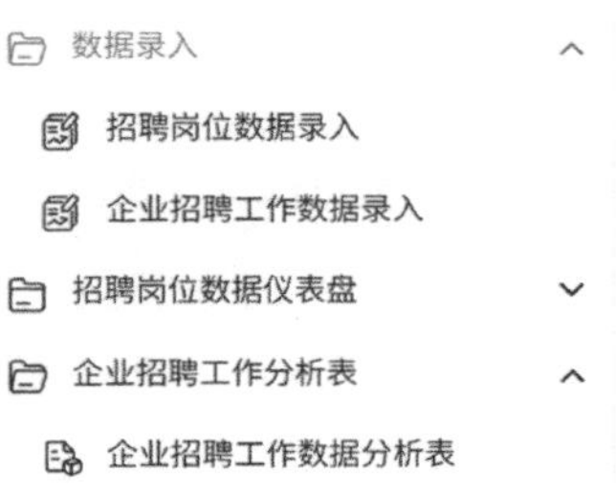

图1－15　企业招聘工作数据分析系统菜单

1. 数据录入

单击菜单“数据录入”，单击子菜单“企业招聘工作数据录入”，打开“企业招聘工作数据录入”功能界面，如图1－16所示。

单击最后一行数据，数据录入区域出现新增行，然后单击新增行第一个单元格使其处于选中状态。

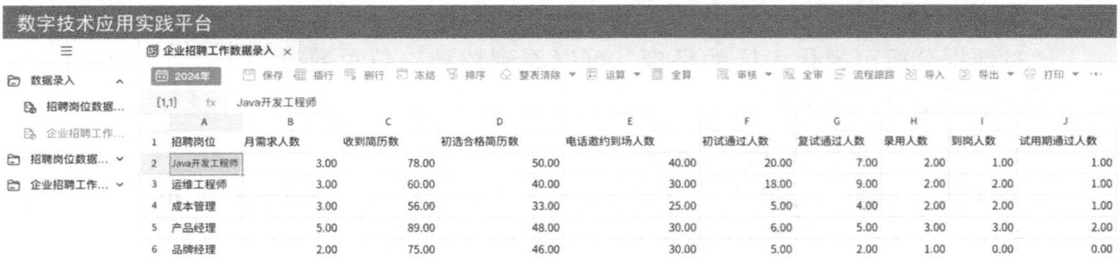

	A	B	C	D	E	F	G	H	I	J
1	招聘岗位	月需求人数	收到简历数	初选合格简历数	电话邀约到场人数	初试通过人数	复试通过人数	录用人数	到岗人数	试用期通过人数
2	Java开发工程师	3.00	78.00	50.00	40.00	20.00	7.00	2.00	1.00	1.00
3	运维工程师	3.00	60.00	40.00	30.00	18.00	9.00	2.00	2.00	1.00
4	成本管理	3.00	56.00	33.00	25.00	5.00	4.00	2.00	2.00	1.00
5	产品经理	5.00	89.00	48.00	30.00	6.00	5.00	3.00	3.00	2.00
6	品牌经理	2.00	75.00	46.00	30.00	5.00	2.00	1.00	0.00	0.00

图 1－16　企业招聘工作数据录入

打开“企业招聘工作数据 . xlsx”文件，表格中包含“招聘职位”“月需求人数”“收到简历数”等 10 列数据，选中要录入的数据，如图 1－17 所示。

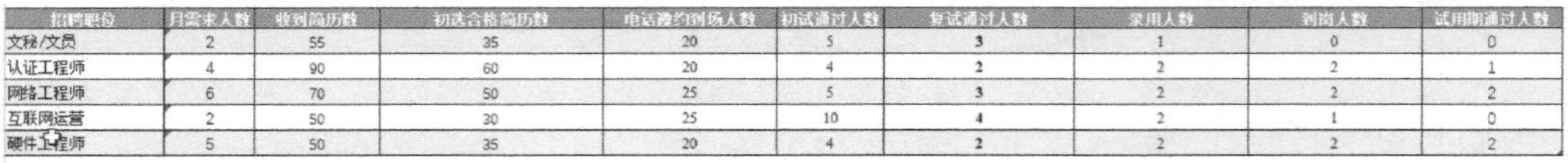

招聘职位	月需求人数	收到简历数	初选合格简历数	电话邀约到场人数	初试通过人数	复试通过人数	录用人数	到岗人数	试用期通过人数
文秘/文员	2	55	35	20	5	3	1	0	0
认证工程师	4	90	60	20	4	2	2	2	1
网络工程师	6	70	50	25	5	3	2	2	2
互联网运营	2	50	30	25	10	4	2	1	0
硬件工程师	5	50	35	20	4	2	2	2	2

图 1－17　选择文件中的企业招聘工作数据

复制选中的数据，返回“企业招聘工作数据录入”界面，将数据粘贴到录入区域，如图 1－18 所示。

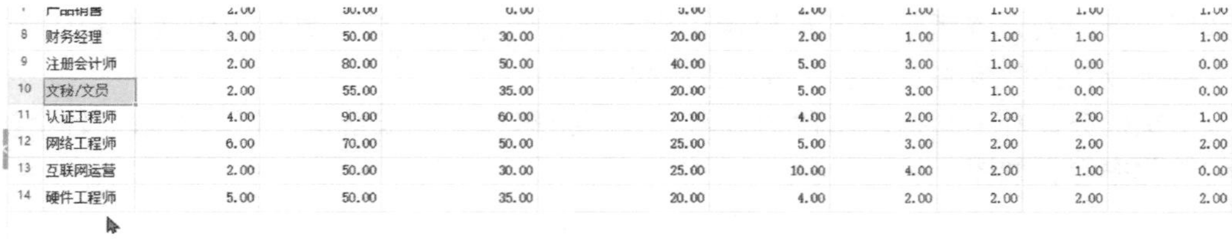

7	产品销售	2.00	50.00	6.00	5.00	2.00	1.00	1.00	1.00	1.00
8	财务经理	3.00	50.00	30.00	20.00	2.00	1.00	1.00	1.00	1.00
9	注册会计师	2.00	80.00	50.00	40.00	5.00	3.00	1.00	0.00	0.00
10	文秘/文员	2.00	55.00	35.00	20.00	5.00	3.00	1.00	0.00	0.00
11	认证工程师	4.00	90.00	60.00	20.00	4.00	2.00	2.00	2.00	1.00
12	网络工程师	6.00	70.00	50.00	25.00	5.00	3.00	2.00	2.00	2.00
13	互联网运营	2.00	50.00	30.00	25.00	10.00	4.00	2.00	1.00	0.00
14	硬件工程师	5.00	50.00	35.00	20.00	4.00	2.00	2.00	2.00	2.00

图 1－18　粘贴企业招聘工作数据到录入区域

然后单击窗口顶部工具栏中的“保存”按钮。

2. 招聘工作数据分析

单击菜单“企业招聘工作分析表”，单击子菜单“企业招聘工作数据分析表”，查看企业招聘工作数据分析表内容，如图 1－19 所示。分析表中除了录入的 10 列数据，还包含“有效简历率”“电话邀约率”等不同招聘阶段分析指标列。

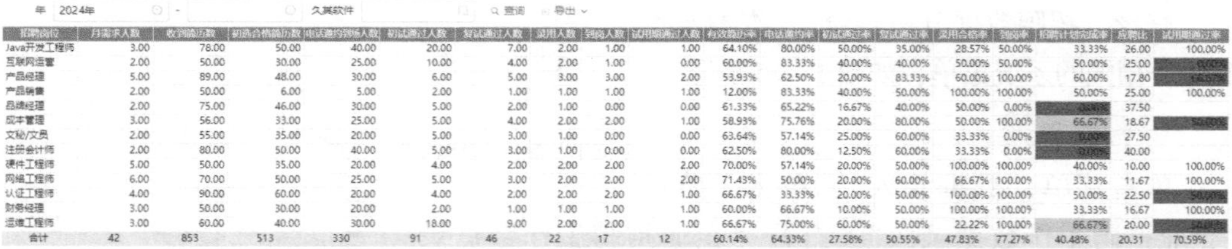

招聘岗位	月需求人数	收到简历数	初选合格简历数	电话邀约到场人数	初试通过人数	复试通过人数	录用人数	到岗人数	试用期通过人数	有效简历率	电话邀约率	初试通过率	复试通过率	录用合格率	到岗率	招聘计划完成率	应聘比	试用期通过率
Java开发工程师	3.00	78.00	50.00	40.00	20.00	7.00	2.00	1.00	1.00	64.10%	80.00%	50.00%	35.00%	28.57%	50.00%	33.33%	26.00	100.00%
互联网运营	2.00	50.00	30.00	25.00	10.00	4.00	2.00	1.00	0.00	60.00%	83.33%	40.00%	40.00%	50.00%	50.00%	50.00%	25.00	0.00%
产品经理	5.00	89.00	48.00	30.00	6.00	5.00	3.00	3.00	2.00	53.93%	62.50%	20.00%	83.33%	60.00%	100.00%	60.00%	17.80	16.67%
产品销售	2.00	50.00	6.00	5.00	2.00	1.00	1.00	1.00	1.00	12.00%	83.33%	40.00%	50.00%	100.00%	100.00%	50.00%	25.00	100.00%
品牌经理	2.00	75.00	46.00	30.00	5.00	2.00	1.00	0.00	0.00	61.33%	65.22%	16.67%	40.00%	50.00%	0.00%	0.00%	37.50	
成本管理	3.00	56.00	33.00	25.00	5.00	4.00	2.00	2.00	1.00	58.93%	75.76%	20.00%	80.00%	50.00%	100.00%	66.67%	18.67	50.00%
文秘/文员	2.00	55.00	35.00	20.00	5.00	3.00	1.00	0.00	0.00	63.64%	57.14%	25.00%	60.00%	33.33%	0.00%	0.00%	27.50	
注册会计师	2.00	80.00	50.00	40.00	5.00	3.00	1.00	0.00	0.00	62.50%	80.00%	12.50%	60.00%	33.33%	0.00%	0.00%	40.00	
硬件工程师	5.00	50.00	35.00	20.00	4.00	2.00	2.00	2.00	2.00	70.00%	57.14%	20.00%	50.00%	100.00%	100.00%	40.00%	10.00	100.00%
网络工程师	6.00	70.00	50.00	25.00	5.00	3.00	2.00	2.00	2.00	71.43%	50.00%	20.00%	60.00%	66.67%	100.00%	33.33%	11.67	100.00%
认证工程师	4.00	90.00	60.00	20.00	4.00	2.00	2.00	2.00	1.00	66.67%	33.33%	20.00%	50.00%	100.00%	100.00%	50.00%	22.50	50.00%
财务经理	3.00	50.00	30.00	20.00	2.00	1.00	1.00	1.00	1.00	60.00%	66.67%	10.00%	50.00%	100.00%	100.00%	33.33%	16.67	100.00%
运维工程师	3.00	60.00	40.00	30.00	18.00	9.00	2.00	2.00	1.00	66.67%	75.00%	60.00%	50.00%	22.22%	100.00%	66.67%	20.00	50.00%
合计	42	853	513	330	91	46	22	17	12	60.14%	64.33%	27.58%	50.55%	47.83%	77.27%	40.48%	20.31	70.59%

图 1－19　企业招聘工作数据分析表

3. 数据分析结果解读

通过“企业招聘工作数据分析表”中的录入数据和指标数据，可以进行如下分析和解读。

1）有效简历率（平均值：60.14%）：这个比率反映了接收到的简历中符合岗位要求的比例。平均值接近60%，表明大部分岗位接收到的简历中超过一半是有效的，这是一个相对较好的比率。

2）电话邀约率（平均值：64.33%）：这个比率显示了初选合格的简历中候选人被邀请到电话面试的比例。这个比率相对较高，说明大部分初选合格的候选人都有机会进入下一个面试阶段。

3）初试通过率（平均值：27.58%）：这个比率表明电话邀约到场的人数中通过初试的比例。平均值较低，说明初试阶段的选拔标准较为严格或者候选人的整体质量需要提高。

4）复试通过率（平均值：50.55%）：这个比率表示初试通过的候选人通过复试的比例。这个比率高于50%，表明候选人通过初试后有比较高的概率通过复试。

5）录用合格率（平均值：47.83%）：这个比率反映了复试通过的候选人最终被录用的比例。这个比率接近50%，表明通过复试的候选人有比较高的概率被录用。

6）到岗率（平均值：77.27%）：这个比率显示了录用的候选人实际到岗的比例。平均值较高，表明大多数被录用的候选人最终选择加入公司。

7）招聘计划完成率（平均值：40.48%）：这个比率表明了相对于月需求人数，实际到岗人数的比例平均值较低，意味着招聘过程中存在一些难以填补的职位或者招聘目标设置过高。

8）应聘比（平均值：20.31）：这个数值表示平均每个岗位收到的简历数量与需求人数的比值。这个数值较高，说明平均每个岗位都有较多的候选人申请。

其中"招聘计划完成率"和"试用期通过率"设置了条件样式（合计一行除外）：

1）"招聘计划完成率"在30%和60%之间，单元格背景显示未涂色，低于30%则显示为红色。

2）"试用期通过率"如果低于75%，单元格背景显示为红色。

📶 单元小结

本单元基于"招聘数据分析系统"，以体验完整项目为基础，通过数据录入、复制将数据导入"招聘数据分析系统"中，介绍了招聘岗位数据分析模块和企业招聘工作数据分析模块的业务分析思路，对业务数据进行分析总结，为后续使用"数字技术应用实践平台"自主构建其他业务数据分析系统奠定了坚实基础。

📶 单元考评表

考核学生的专业能力和关键能力，采用过程性评价和结果评价相结合、定性评价与定量评价相结合的考核方法，填写考核评价表。注重学生动手能力和在实践中分析、解决问题的能力的考核，对于在学习上和应用上有创新意识的学生给予特别鼓励。

考评项	考评标准	分值	自评	互评	师评
任务完成情况 （50分）	1. 完成招聘岗位数据分析体验	25			
	2. 完成企业招聘工作数据分析体验	25			
任务完成效率 （10分）	2个小时之内完成可得满分	10			
表达能力 （10分）	能够清楚地表达本单元讲述的重点	10			
解决问题能力 （10分）	具有独立解决问题的能力	10			
总结能力 （10分）	能够总结本单元的重点	10			
扩展：创新能力 （10分）	具有创新意识	10			
合计		100			

单元 2
设计为架——招聘岗位数据模型创建

通过使用"招聘数据分析系统"，琪琪初步了解了数据分析的价值和意义，也熟悉了"招聘数据分析系统"的大体业务和功能。企业导师要求琪琪参照之前体验的"招聘数据分析系统"，使用"数字技术应用实践平台"建设一个一模一样的"（新）招聘数据分析系统"，新的系统建设将被分成五项考核任务（单元2—单元6）递进式完成。

琪琪需从数据模型的构建入手，完成模型的设计、数据表样的创建与制作，拣选适宜的分析方法进行数据分析，使用图表展示数据和分析结果，最后依托可视化成果编写分析报告，实现数据分析项目"从业务来，到业务去"的流程性闭环。

企业导师安排的第二项考核任务是：招聘岗位数据模型设计。

🛜 学习目标

1）理解数据模型的基本概念
2）理解数据建模的基本概念
3）掌握数据架构设计的基本方法
4）掌握数字技术应用实践系统初始化的一般操作
5）掌握基于数字技术应用实践数据模型的创建方法
6）具备设计、实施和管理数据模型及其在数据分析系统中应用的能力

任务2.1　设计数据架构

2.1.1　任务描述

企业在数字化转型中不断经历着业务数据化和数据业务化，数据模型是用来连通业务与数据之间鸿沟的最有力工具，是开发人员与业务人员之间的一座桥梁。学习数据分析，首先需要具备"架构"能力，才能确保在数据的海洋中不迷失方向，做到"既见树木，也见森林"。

通过完成本任务，读者可以理解数据模型的结构和作用、数据表样的标准和规范。

2.1.2 知识解析

1. 数据模型

数据模型是一种抽象的模型，用来组织、描述和定义数据元素及它们之间的关系，以及数据的规则和约束条件。

数据模型示意图如图2-1所示。

编号	姓名	性别	出生年月	职称	所在部门
001	李成	男	1958-12-1	副教授	计算机系
002	张旭	男	1969-3-6	讲师	电子工程系
003	王萍	女	1972-5-6	助教	计算机系
004	刘冰	女	1982-4-3	助教	电子工程系

学号	姓名	性别	出生年月	所在班级
1001	曾华	男	1988-12-1	95033
1002	匡明	男	1989-3-6	95033
1003	王丽	女	1988-5-6	95033
1004	李军	女	1989-4-3	95033

图2-1 数据模型示意图

数据模型主要用于信息系统的设计和开发，帮助开发者和利益相关者理解数据的结构和意义，以及数据元素之间如何相互关联和操作。数据模型对于确保数据的一致性、完整性和有效管理至关重要。

在数据分析中，理解数据模型的概念至关重要，因为它为数据分析提供了必要的结构和上下文。数据模型不仅组织和存储数据，而且还确保数据的一致性、可理解性和可访问性。在数据分析领域内理解数据模型概念的关键点如图2-2所示。

（1）数据组织和结构化

1）数据模型定义了数据如何被组织

数据模型是对数据对象的属性和关系的抽象，使复杂的数据集成和分析成为可能。

2）结构化数据

数据模型强调将数据组织成表格形式，其

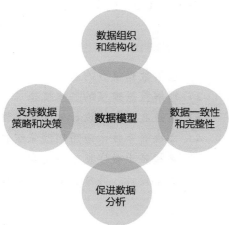

图2-2 理解数据模型概念的关键点

中行代表记录（实例），列代表属性（字段），这种结构化是进行高效查询和分析的基础。

（2）数据一致性和完整性

数据模型通过定义数据的标准格式和规则（如数据类型、约束条件等），帮助维护数据的一致性和完整性。

（3）促进数据分析

1）支持复杂查询和分析。良好设计的数据模型使得数据更易于查询和分析，从而支持业务智能和数据分析项目。

2）数据模型为数据分析提供上下文。了解数据的来源、结构和关系对于解释分析结果至关重要。数据模型提供了这种上下文，使分析师能够更准确地解释数据。

（4）支持数据策略和决策

1）数据驱动的决策。通过提供清晰、组织良好的数据视图，数据模型使组织能够基于准确和及时的数据做出更好的业务决策。

2）灵活性和可扩展性。随着业务需求的变化，数据模型可以调整和扩展以适应新的数据源和分析需求。

在数据分析项目的生命周期中，从数据准备到最终的数据可视化和解释，数据模型扮演着关键角色，它不仅是技术实现的基础，更是确保数据分析质量和效率的基石。因此，理解和有效应用数据模型是每位数据分析师必备的技能之一。

2. 数据建模

数据建模是一种创建数据模型的过程，用于定义和分析数据的结构，特别是数据之间的关系、类型、规则和约束。

数据建模的过程对于数据分析系统开发中的数据库设计、系统开发和数据管理极为重要，因为它帮助组织清晰地理解数据如何被存储、组织和交互。数据建模确保了数据结构的优化，以支持业务流程的需求，提高数据的准确性和可用性。

数据建模的过程主要包含三个阶段，如图 2-3 所示。

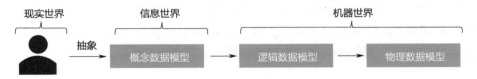

图 2-3　数据建模的三个阶段

（1）概念数据模型（Conceptual Data Model）

1）模型介绍：在最高层次上抽象地描述数据，并关注主要实体以及它们之间的关系。

2）模型设计：目标是建立数据的大致框架而不涉及具体的实现细节。

3）模型应用：通常用于与非技术利益相关者的沟通中，帮助理解数据的基本结构。

以教师和学生的教学活动为例，设计一个数据模型来管理教师、学生、课程以及他们之间的互动，一名教师可以教授多门课程，一名学生可以学习多门课程，一门课程可以有多名学生学习，如图 2-4 所示。

（2）逻辑数据模型（Logical Data Model）

1）模型介绍：提供了更详细的数据视图，包括所有必要的实体、属性、关系、数据类型和约束条件，但仍然独立于技术实现。

2）模型设计：用于进一步精细化数据的结构，确保数据模型能够满足业务需求。

3）模型应用：逻辑数据模型为物理数据模型的创建提供了蓝图。

给教师、学生和课程添加属性，教师、学生和课程的逻辑数据模型如图 2 - 5 所示。

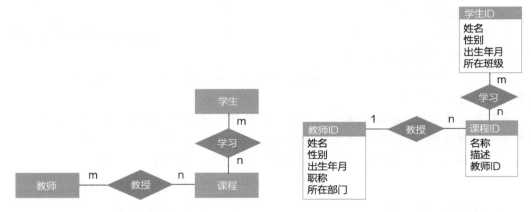

图 2 - 4　教师、学生和课程的概念数据模型　　图 2 - 5　教师、学生和课程的逻辑数据模型

在课程中包含教师 ID，表示这门课程是由相应教师教授的。

（3）物理数据模型（Physical Data Model）

1）模型介绍：将逻辑数据模型转换为可以在数据存储系统中实现的具体结构。

2）模型设计：包括所有表、列、数据类型、约束以及其他数据特定的元素。

3）模型应用：物理数据模型的设计考虑了性能和存储的优化。

学生和课程之间是多对多的关系，在构建物理数据模型时使用成绩表来表示这种关系。教师、学生、课程和成绩的物理数据模型如图 2 - 6 所示。

图 2 - 6　教师、学生、课程和成绩的物理数据模型

2.1.3　任务实现

招聘数据分析系统基于招聘岗位相关数据，系统涉及对数据的深入理解，以及如何组织这些数据以支持分析需求。

1. 招聘数据分析的需求目标

1）明确通过数据分析实现的业务目标，包含不同地理区域、不同薪资范围、不同公司规模、不同行业、不同学历的招聘岗位数据分析。

设计数据架构

2）确定必需的数据，在招聘数据分析系统中包括岗位名称、薪资范围、工作地点、公司名称、公司规模、学历要求等。

2. 设计概念数据模型

1）定义实体：基于数据需求，识别出数据模型中的核心实体，如岗位、公司、地点等。

2）定义关系：确定实体之间的关系。例如，一个公司可以发布多个岗位，一个岗位可能对应多个申请者。

招聘数据分析系统以招聘岗位为中心目标，因此核心实体只有招聘岗位，同时不需要定义实体之间的关系。

3. 设计逻辑数据模型

为招聘数据分析中每个实体确定必要的属性，即提取特征信息，形成特征信息 E – R 图。

在招聘分析中，为了确保全面而准确地理解招聘需求，需要运用一系列数据特征来描述和刻画这些需求。这些特征涵盖了学历、行业、工作年限、就业城市、岗位类型、公司规模以及岗位数量等多个维度。这些特征就像构建招聘模型的"积木"，它们共同构建了一个完整且具体的招聘需求画像。例如，学历特征可以帮助我们了解招聘对人才教育背景的要求；行业特征则揭示了招聘需求所在的行业领域；工作年限特征反映了招聘方对候选人工作经验的期望，招聘模型特征如图 2 – 7 所示。

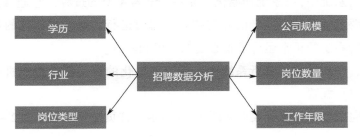

图 2 – 7　招聘模型特征

4. 设计物理数据模型

为每个实体定义详细的属性，包括数据类型、长度、是否可为空等，可以从三个方面设计模型：

1）将模型的特征信息作为表格的字段信息。

2）设置每个字段的数据类型。

3）设置每个字段的数据公式。

首先在上述分析中已提取学历、行业、工作年限、就业城市、岗位类型、公司规模、岗位数量等特征信息，然后是各个特征信息的数据类型、数据公式，可以制作一张表格来描述招聘数据模型，如图 2 – 8 所示。

编号	属性	类型	公式
1	所属城市	字符	
2	岗位类型	字符	
3	岗位名称	字符	
4	公司名称	字符	
5	公司规模	字符	
6	公司类型	字符	
7	工作地点	字符	
8	薪资范围	字符	
9	所属行业	字符	
10	学历	字符	
11	工作类型	字符	
12	工作年限	字符	
13	岗位数量	数值	默认值为1

图 2-8 招聘数据模型

任务2.2 初始化系统

2.2.1 任务描述

在数据分析系统中，"系统初始化"是一个非常重要的过程，它通常发生在系统首次启动或在需要重置系统到一个已知的初始状态时进行。系统初始化的过程包括一系列步骤，旨在为系统的正常运行准备必要的环境和配置。

具体来说，在招聘数据分析系统中，系统初始化的作用包括组织机构数据的初始化、登录页和首页配置。

本次任务完成登录页配置效果如图2-9所示，首页配置效果如图2-10所示。

图 2-9 登录页配置效果

图 2-10 首页配置效果

2.2.2 知识解析

组织机构是把人力、物力和智力等按一定的形式和结构，为实现共同的目标、任务或利益有秩序有成效地组合起来而开展活动的社会单位。

组织机构是一类特殊的基础数据，通过"组织机构管理"功能进行管理和维护，具备基础数据的特性，可以被其他业务所引用。

在数据分析系统中引入"组织机构"的概念，旨在提供一个更加完整和多维度的分析视角，对数据进行更加全面和准确的理解。

组织机构在数据分析中扮演着极其重要的角色，不仅是数据组织和管理的基础，还直接影响数据分析的深度和广度。

1. 组织机构的作用

数据整合：组织机构提供了一个框架，将来自不同部门和团队的数据整合在一起，实现数据的一致性和准确性。

分析精度：通过对特定部门或团队的数据进行分析，可以更精确地识别问题和机会，为决策提供支持。

个性化报告：组织机构使得生成针对特定部门或职位的定制化报告成为可能，满足不同用户的需求。

2. 如何在数据分析中应用组织机构

定义组织机构维度：明确组织机构的层级和结构，如总公司、子公司等。

数据收集：收集相关的就业数据，并标注数据所属的组织机构维度，如归属部门、岗位类型等。

数据分析：利用组织机构的维度进行数据划分和分析，例如分析特定岗位的就业率、平均薪资等。

在招聘数据分析系统中，组织机构是维护数据字段的基础，并为数据分析提供分析的主维度。

3．"数字技术应用实践平台"组织机构相关功能

（1）功能树

功能树按层次排列组织数据分析系统建设所需的功能菜单。功能树需要在平台的编辑模式下创建，在编辑模式下可以进行"门户皮肤""导航设置""其他设置""添加同级""添加下级""删除"等操作。

（2）组织机构管理

在"数字技术应用实践平台"中，组织机构相关功能包含"机构类型管理"和"机构数据管理"。机构类型管理用于创建不同类型的组织机构，在组织机构上维护所需字段，机构管理用于管理（新建、修改、删除、停用）各类型组织机构。

2.2.3　任务实现

1. 功能树配置

初始化系统1

"数字技术应用实践平台"支持同时创建多个业务系统，为了区分管理，本次任务首先创建一个单独的功能菜单，以便于统一管理建设系统需要的功能。

具体操作步骤为：

1）单击右上角"编辑模式"按钮进入"编辑模式"。光标定位到"新建同级"按钮，单击"新建同级"按钮，在"标题"处输入"参数配置"，效果如图2-11所示（注意：只在标题一项中输入内容即可）。

2）依次单击"保存""发布"按钮使设置生效，然后单击"退出"按钮查看菜单设置结果。

3）在父级菜单中添加子菜单。

a）单击"参数配置"，然后单击"新建下级"按钮，在主界面右侧的基本设置面板的绑定应用中输入"机构类型管理"，标题内容修改为"机构类型管理"，单击"保存"按钮存储数据。

b）单击"参数配置"，然后单击"新建下级"

图2-11　菜单配置

按钮，在主界面右侧的基本设置面板的绑定应用中输入"机构数据管理"，标题内容修改为"机构数据管理"，单击"保存"按钮存储数据。

c）单击"参数配置"，然后单击"新建下级"按钮，在主界面右侧的基本设置面板的绑定应用中输入"登录页管理"，标题内容修改为"登录页管理"，单击"保存"按钮存储数据。

d）单击"参数配置"，然后单击"新建下级"按钮，在主界面右侧的基本设置面板的绑定应用中输入"首页配置"，标题内容修改为"首页配置"，单击"保存"按钮存储数据。

e）单击"参数配置"，然后单击"新建下级"按钮，在主界面右侧的基本设置面板中不绑定应用，只修改标题内容为"数据模型"，单击"保存"按钮存储数据。

f）单击"参数配置"下的"数据模型"下拉列表，然后单击"新建下级"按钮，在主界面右侧的基本设置面板中，绑定应用选择"数据方案"，标题内容修改为"数据建模"，单击"保存"按钮存储数据。

单击"新建同级"按钮，在主界面右侧的基本设置面板中，绑定应用选择"任务列表"，标题内容修改为"数据表样"，单击"保存"按钮存储数据。

g）单击"参数配置"，然后单击"新建下级"按钮，在主界面右侧的基本设置面板中，绑定应用选择"数据录入"，标题内容修改为"数据录入"，单击"保存"按钮存储数据。

h）单击"参数配置"，然后单击"新建下级"按钮，在主界面右侧的基本设置面板中，绑定应用选择"数据分析"，标题内容修改为"数据分析"，单击"保存"按钮存储数据。

i）单击"参数配置"，然后单击"新建下级"按钮，在主界面右侧的基本设置面板中，绑定应用选择"用户管理"，标题内容修改为"用户管理"，单击"保存"按钮存储数据。

j）单击"参数配置"，然后单击"新建下级"按钮，在主界面右侧的基本设置面板中，绑定应用选择"角色管理"，标题内容修改为"角色管理"，单击"保存"按钮存储数据。

k）单击"发布"按钮，发布当前配置，然后单击"退出"按钮，退出编辑模型，系统"参数配置"菜单如图2-12所示。

2. 创建组织机构类型

1）单击系统菜单"参数配置"，单击子菜单"机构类型管理"，单击工具栏"新建类型"按钮。

初始化系统2

2）"标识"的默认文本为"MD_ORG_"，在其后追加"久其软件"的简拼大写字母"JQRJ"，"名称"输入"久其软件"，如图2-13所示。

数字技术应用实践平台

☰

📁 参数配置　　　　　∧

　👥 机构类型管理
　👥 机构数据管理
　⊞ 登录页管理
　🏠 首页配置
　📁 数据模型　　　　∨
　📄 数据录入
　📊 数据分析
　📇 用户管理
　👤 角色管理

图2-12　系统"参数配置"菜单

图2-13　填写组织机构类型信息

3）单击"确定"按钮。

4）单击"机构类型管理"主界面页标签中"×"按钮，关闭该界面，如图2-14所示。

图2-14　关闭机构类型管理主界面

3.创建组织机构数据

1）单击系统菜单"参数配置"，单击子菜单"机构数据管理"，主界面默认选中"行政组织"，单击"新建下级"按钮。

2）在新建页面中，"机构代码"输入"20001"，"机构名称"输入"招聘数据分析系统"，"机构简称"默认与机构名称相同，可根据实际需要进行修改，如图2-15所示。

图2-15　填写组织机构数据信息

3）单击工具栏"保存"按钮。

4）查看已建的组织机构数据，如图2-16所示。

图2-16　已建组织机构数据

5）关联组织机构类型。

a）在"机构数据管理"界面，单击"行政组织"下拉列表框，选择"久其软件"，如图2-17所示。

b）单击工具栏"关联创建"按钮，选择要关联的实体机构数据"20001　招聘数据分析系统"，注意勾选所有下级选

图2-17　选择要管理的组织机构类型

项，如图2-18所示。

图2-18　创建组织机构关联

c）单击"确认"按钮。

6）查看组织机构关联结果，如图2-19所示。

图2-19　组织机构关联结果

7）关闭"机构数据管理"主界面。

4. 登录页管理

1）单击系统菜单"参数配置"，单击子菜单"登录页管理"，在新打开的"登录页管理"界面，已存在一个默认登录页，可以对其执行编辑和导出操作。

2）单击"登录页管理"界面右上角的"新增登录页"按钮，如图2-20所示。

图2-20　单击"新增登录页"按钮

3）在"登录页管理"主界面中间是登录页预览区域，右侧是相关属性设置面板，单击"全局设置"，在"标题属性"下"名称"文本框输入"招聘数据分析系统登录页"，"路径"输入系统名称简拼小写字母"zpsjfxxt"（注意：只能输入小写字母和数字）。

4）在"门户主题"配置项中，可以看到平台内置的几个登录页主题，选择其中一个进行配置，比如选择"默认主题"并单击，对默认主题登录页进行编辑。

5）单击"默认主题"登录窗体，可以对其进行配置，如图 2-21 所示。

图 2-21　单击登录窗体

6）在右侧登录窗体配置选项中，"整体设置"可以设置窗体整体宽和高、窗体填充类型、是否显示 logo 以及标题样式。"密码登录设置"可以配置是否"显示记住账号"以及提供"忘记密码"的相关操作，可以设置登录按钮的颜色。

a）取消选择"显示 logo"，如图 2-22 所示。

b）选择"显示标题"，"标题名称"修改为"招聘数据分析系统登录"，"文字大小"设置为"20px"，如图 2-23 所示。

图 2-22　取消选择"显示 logo"

图 2-23　设置登录窗体标题

c）单击登录页背景区域对其背景进行设置，在"填充类型"中"选择图片"，然后单击"上传图片"按钮，上传初始化系统图片中的"login. png"，效果如图 2-24 所示。

d）单击"登录页管理"界面右上角"保存"按钮，如图 2-25 所示。

e）单击"登录页管理"界面右上角"发布"按钮。

f）单击"登录页管理"界面右上角"退出"按钮。

图 2 - 24　登录页背景设置

图 2 - 25　保存登录页配置

g）在浏览器地址栏输入"http：//数字技术应用实践平台域名/#/login/zpsjfxxt"或者"http：//数字技术应用实践平台 IP：端口号/#/login/zpsjfxxt"，按〈Enter〉键后即可访问"招聘数据分析系统登录"页，如图 2 - 26 所示。

图 2 - 26　访问登录页

h）关闭"登录页管理"主界面。

5. 首页配置

1）单击系统菜单"参数配置"，单击子菜单"首页配置"，在新打开的"首页配置"界面，单击右上角的"添加首页"按钮，如图2-27所示。

初始化系统3

图2-27　单击"添加首页"按钮

2）在新打开界面右侧有"设置全局属性"面板，可以设置首页名称、主题、布局、页面设置等，在"首页名称"文本框中输入"招聘数据分析系统首页"，如图2-28所示。

3）在首页设计区域，上方是可以拖拽到首页的组件，其中"图片轮播"组件用于展示系统广告内容，"常用功能"组件用于添加系统频繁使用的功能，"访问量"组件用于展示系统访问流量，在招聘数据分析系统首页需要使用这三个组件。

在页面展示区域，默认添加了轮播图片组件和任务列表，如图2-29所示。

图2-28　设置"首页名称"

图2-29　首页设计区域

4）单击"任务列表"组件右上角"×"按钮，关闭该组件，如图2-29所示。

5）拖拽"常用功能"组件至左下方，拖拽"访问量"组件至右下方，调整组件位置和大小，如图2-30所示。

图 2-30　首页布局

6）单击"图片轮播"组件，设置其属性。

"图片轮播"组件右侧属性面板包含"轮播整体设置""轮播导航设置""轮播图片设置""边框设置""块区域设置"，单击每个属性面板右侧的上下箭头可以收缩或展开对应属性设置区域，如图 2-31 所示。

a）在"轮播整体设置"属性面板中，"轮播方式"使用默认选项"逐张轮播"，如图 2-32 所示。

图 2-31　图片轮播属性面板

b）在"轮播图片设置"属性面板中，单击"图片编辑"按钮打开图片编辑窗口，如图 2-33 所示。

图 2-32　设置轮播方式

图 2-33　单击"图片编辑"按钮

c）在"图片编辑"窗口，删除默认图片，单击"＋"按钮，添加提供的首页图片"banner1.jpg""banner2.jpg""banner3.jpg"，然后单击"确定"按钮，如图 2 – 34所示。

图 2 – 34　上传图片

7）单击"常用功能"组件，通过拖拽右下角调整大小，如图 2 – 35 所示。

图 2 – 35　调整组件大小

在后续任务中完成相关功能发布后，可以通过"添加常用功能"绑定与该功能相关组件，如图 2 – 36所示。

8）单击"首页配置"右上角"预览"按钮，预览首页。

9）单击"首页配置"右上角"保存"按钮。

10）单击"首页配置"右上角"发布"按钮。

11）关闭"首页配置"主界面。

图 2 – 36　常用功能绑定

任务2.3　创建数据模型

2.3.1　任务描述

本次任务依托"数字技术应用实践平台"完成招聘模型创建，为（新）招聘数据分析系统的实现搭建逻辑框架。在本次任务中需要完成数据模型的创建与设计。

通过本次任务实现的数据建模效果如图2-37所示。

序号	名称	标识	物理字段名	物理表名	数据类型	长度	小数位	是否为空	关联枚举
1	所属省市	SUOSHUSS	SUOSHUSS	ZPGWSJ...	字符	150		否	
2	岗位类型	GWLX	GWLX	ZPGWSJ...	字符	150		否	
3	公司规模	GSGM	GSGM	ZPGWSJ...	字符	150		否	
4	公司类型	GSLX	GSLX	ZPGWSJ...	字符	150		否	
5	薪资范围	XZFW	XZFW	ZPGWSJ...	字符	150		否	
6	所属行业	SSHY	SSHY	ZPGWSJ...	字符	150		否	
7	学历	XL	XL	ZPGWSJ...	字符	150		否	
8	工作类型	GZLX	GZLX	ZPGWSJ...	字符	150		否	
9	工作年限	GZNX	GZNX	ZPGWSJ...	字符	150		否	
10	岗位名称	GWMC	GWMC	ZPGWSJ...	字符	150		是	
11	公司名称	GSMC	GSMC	ZPGWSJ...	字符	150		是	
12	工作地点	GZDD	GZDD	ZPGWSJ...	字符	150		是	
13	岗位数量	GWSL	GWSL	ZPGWSJ...	整数	10		是	

图2-37　数据模型实现效果

2.3.2　知识解析

在"数字技术应用实践平台"，与数据模型相关的功能包含"数据方案"和"数据表样"。

数据方案用于定义基本的数据结构，包括数据明细表和数据指标表。与数据方案相关的功能与操作包括：

（1）新增分组

新增分组功能是为方案提供分组功能，避免系统中方案过多而产生混乱的问题。此功能通过工具栏的"新增分组"按钮，进入"新增数据方案分组"页面，在分组页面中需要填写"名称""上级分组""描述"信息，如图2-38所示。名称为必填信息，长度为2~50位，超出此范围，系统不允许提交分组信息。

图2-38　新增数据方案分组

（2）编辑分组

编辑分组功能帮助用户修改分组信息。通过工具栏的"编辑"按钮，进入"修改分组"页面。在"修改分组"页面中用户可以修改"名称""上级分组""描述"信息。

（3）删除分组

选中分组，通过单击工具栏的"删除分组"按钮，确定后删除分组。系统有固化分组也就是根分组"全部数据方案"，分组中有下级分组或模型定义时，不允许删除分组，"删除分组"按钮不可用。

（4）新增数据方案

新增数据方案功能用于创建数据分析中数据的存储位置。通过工具栏的"新增数据方案"按钮进入此功能。在"新增数据方案"页面中，需要填写"名称""标识""前缀""主维度""时期""情景""所属分组""描述"信息，其中"名称""标识""主维度""时期"信息为必填信息，如图 2 - 39 所示。

图 2 - 39　新增数据方案

其中有两个特别重要的信息需要注意：

1）主维度：在"数字技术应用实践平台"，数据分析的主维度默认为系统所属组织结构的类型。

2）时期：时期是填报数据的时期粒度，支持年、半年、季、月、旬、日、周以及自定义时期。比如统计月报，每个月采集一次数据，时期类型选择月；部门决算，每年进行一次，时期类型选择年（注意：一个数据方案只能指定一种时期类型，即一个数据方案只存储一个时期粒度的数据）。

（5）编辑数据方案

编辑数据方案功能用于修改方案信息。通过方案数据后的"编辑"按钮，进入编辑页面，其中"标识""前缀""时期"和"情景"是不允许修改的，其他信息皆可修改。

（6）删除数据方案

删除数据方案功能用于删除方案信息。通过方案数据后的"删除"按钮，会提示是否删除，只有在文本框中输入"我确定删除××"以后才允许删除，如图 2 - 40 所示。

（7）设计数据方案

数据方案创建完成以后，单击方案列表中的"设计"按钮进入方案设计页面，在方案设计页面中，可以创建不同类型的数据表。

（8）新增指标表

指标表用于管理系统的指标体系，用于存储固定指标的数据，比如招聘岗位总数量、平均岗位薪资等招聘岗位指标。

新增指标表需要单击数据方案设计界面工具栏的"新增"按钮，在下拉列表框中单击"新增指标表"选项，打开"新增指标表"窗口，"名称"和"标识"为必填项，如图 2 - 41 所示。

图 2-40　删除数据方案

图 2-41　新增指标表

（9）新增明细表

明细表是由主维度、时期维度、表内维度和明细字段构成的二维表。在明细表中可以设置列浮动和行浮动，浮动区域可以根据实际需要动态增减数据。

新增明细表需要单击数据方案设计界面工具栏的"新增"按钮，在下拉列表框中单击"新增明细表"选项，打开"新增明细表"窗口，"名称"和"标识"为必填项。

（10）编辑方案表

编辑方案表功能用于修改方案表信息。通过选中方案，单击工具栏的"编辑"按钮进入编辑页面，方案中的所有信息都可以修改。

（11）删除方案表

删除方案表功能用于删除方案表信息。通过选中方案，单击工具栏的"删除"按钮，系统会提示是否删除。需要注意的是必须在文本框中输入"我确定删除××"以后才允许删除。

（12）新增字段

新增字段为数据方案添加字段信息，从而定义数据表的结构。

单击工具栏的"新增字段"按钮打开"新增字段"窗口，在此窗口中输入"名称""标识""数据类型""汇总方式"等信息，如图 2-42 所示。

图 2-42　新增字段

（13）编辑字段

编辑字段功能用于修改方案表中的字段信息。选中要编辑的字段，单击工具栏的"编辑字段"按钮进入修改字段页面，在此页面中修改"名称""标识""数据类型""汇总方式"等信息。

（14）删除字段

删除字段功能用于删除字段信息。选中要删除的字段，单击工具栏的"删除字段"按钮，系统会出现提示是否删除，只有在文本框中输入"我确定删除××"以后才允许删除。

（15）发布

设计完成的数据方案必须发布后才能生效，单击工具栏"发布"按钮，需要等待提示发布成功。

创建数据模型

2.3.3 任务实现

1. 新增数据方案分组

1）单击系统菜单"参数配置"，单击子菜单"数据模型"下的"数据建模"。

2）在打开窗口中，"全部数据方案"为默认选中状态，单击工具栏的"新增分组"按钮，在"名称"框中输入"招聘数据分析系统"，如图2-43所示。

3）单击"确定"按钮。

新增数据方案分组 ✕

* 名称　招聘数据分析系统

上级分组　全部数据方案

描述

取消　确定

图2-43　新增数据方案分组

2. 新增数据方案

1）单击"数据建模"界面左侧数据方案分组中的"招聘数据分析系统"，单击工具栏的"新增数据方案"按钮，在"名称"框中输入"招聘岗位数据分析方案"，"标识"框中输入"ZPGWSJFXFA"，"主维度"选择组织机构类型"久其软件"，"时期"选择"年"，"所属分组"默认为"招聘数据分析系统"，单击"确定"按钮保存数据，如图2-44所示。

2）单击"招聘岗位数据分析方案"右侧的"设计"按钮，进入设计页面，单击工具栏的"新建"按钮，选择"新增明细表"，在"名称"框中输入"招聘岗位数据明细表"，"标识"框中输入"ZPGWSJMXB"，"汇总方式"选择"不汇总"，"所属目录"选择"招聘岗位数据分析方案"，单击"确定"按钮保存数据，如图2-45所示。

3）在数据建模主界面选中"招聘岗位数据明细表"，单击工具栏的"新增字段"按钮，在"名称"框中输入"所属省市"，"标识"框中输入"SUOSHUSS"，"数据类型"选择"字符"，"长度"设置为"150"，"汇总方式"选择"不汇总"，单击"确定并继续"按钮保存数据并继续添加字段，如图2-46所示。

图 2-44 新增招聘岗位数据分析方案   图 2-45 新增招聘岗位数据明细表

图 2-46 新增所属省市字段

4）使用同样方式继续添加其他字段，字段配置见表 2-1。

表 2-1 招聘岗位数据明细表字段

序号	名称	标识	数据类型	长度	小数位	是否为空	默认值
1	所属省市	SUOSHUSS	字符	150		是	
2	岗位类型	GWLX	字符	150		是	
3	岗位名称	GWMC	字符	150		是	
4	公司名称	GSMC	字符	150		是	

序号	名称	标识	数据类型	长度	小数位	是否为空	默认值
5	公司规模	GSGM	字符	150		是	
6	公司类型	GSLX	字符	150		是	
7	工作地点	GZDD	字符	150		是	
8	薪资范围	XZFW	字符	150		是	
9	所属行业	SSHY	字符	150		是	
10	学历	XL	字符	150		是	
11	工作类型	GZLX	字符	150		是	
12	工作年限	GZNX	字符	150		是	
13	岗位数量	GWSL	整数	10		是	1

5）单击工具栏的"维度管理"按钮，分别勾选"所属省市""岗位类型""公司规模""公司类型""薪资范围""所属行业""学历""工作类型""工作年限"维度，单击"确定"按钮保存数据，如图 2 – 47 所示。

维度管理   ✕

	名称	代码
☑	所属省市	SUOSHUSS
☑	岗位类型	GWLX
☐	岗位名称	GWMC
☐	公司名称	GSMC
☑	公司规模	GSGM
☑	公司类型	GSLX
☐	工作地点	GZDD
☑	薪资范围	XZFW
☑	所属行业	SSHY
☑	学历	XL
☑	工作类型	GZLX
☑	工作年限	GZNX

☑ 允许重码

[取消] [确定]

图 2 – 47　选择维度

6）单击工具栏"发布"按钮，发布数据方案。

7）数据方案设计最终效果如图 2 – 48 所示。

序号	名称	标识	物理字段名	物理表名	数据类型	长度	小数位	是否为空	关联枚举
1	所属省市	SUOSHUSS	SUOSHUSS	ZPGWSJ...	字符	150		否	
2	岗位类型	GWLX	GWLX	ZPGWSJ...	字符	150		否	
3	公司规模	GSGM	GSGM	ZPGWSJ...	字符	150		否	
4	公司类型	GSLX	GSLX	ZPGWSJ...	字符	150		否	
5	薪资范围	XZFW	XZFW	ZPGWSJ...	字符	150		否	
6	所属行业	SSHY	SSHY	ZPGWSJ...	字符	150		否	
7	学历	XL	XL	ZPGWSJ...	字符	150		否	
8	工作类型	GZLX	GZLX	ZPGWSJ...	字符	150		否	
9	工作年限	GZNX	GZNX	ZPGWSJ...	字符	150		否	
10	岗位名称	GWMC	GWMC	ZPGWSJ...	字符	150		是	
11	公司名称	GSMC	GSMC	ZPGWSJ...	字符	150		是	
12	工作地点	GZDD	GZDD	ZPGWSJ...	字符	150		是	
13	岗位数量	GWSL	GWSL	ZPGWSJ...	整数	10		是	

图 2 - 48　招聘岗位数据分析方案

8）关闭"数据建模"主界面。

任务2.4　制作数据表样

2.4.1　任务描述

完成数据方案的创建相当于完成物理数据模型的构建，接下来需要考虑数据应该如何录入、如何展示、如何计算等更具体的操作。

招聘数据分析系统的数据通过报表录入和展示，在"数字技术应用实践平台"中使用"数据表样"对报表的样式和计算公式进行定义，本次任务的目标就是创建和设计招聘岗位数据表样，实现效果如图2－49所示。

图 2 - 49　数据表样实现效果

2.4.2　知识解析

数据表样绑定的应用组件是"任务列表"，相关的功能与操作介绍如下：

1. 新增分组

新增分组功能是为任务提供分组功能，避免系统中任务过多而产生混乱的问题。此功能通过工具栏的"新增分组"按钮，进入"任务分组"页面，在分组页面中需要填写"名称""父节点""描述"信息，如图2－50所示。名称为必填信息，长度为2—50位，超出此范围，系统不允许提交分组信息。

图 2 - 50　任务分组

2. 编辑分组

编辑分组功能帮助用户修改分组信息。单击工具栏的"编辑分组"按钮，进入"修改分组"页面。在修改分组页面中用户可以修改"名称""父节点""描述"信息。

3. 删除分组

选中分组，单击工具栏的"删除分组"按钮，单击"确定"后可删除分组。单击"删除分组"按钮后，会出现提示信息，单击"确定"按钮删除分组数据，单击"取消"按钮取消删除分组数据。若是分组中有下级分组或任务定义，不允许删除分组，会出现不允许删除的提示信息。

4. 新增任务

新增任务功能为用户提供设计数据表样的入口。

5. 编辑任务

在任务设计界面，中间是报表表样编辑区域，可以单击上方导航菜单对任务、表格、数据和公式等功能区域进行选择，如图 2-51 所示。

图 2-51　任务设计界面

6. 任务属性

单击任务功能区的工具栏"任务属性"按钮，可以对任务属性进行配置，包含"任务名称""任务标识""任务开始时间""任务结束时间"等相关属性。

7. 报表属性

在编辑区域下方找到"工作表1"，右击可出现菜单"删除报表"和"报表属性"菜单，如图 2-52 所示。

单击"报表属性"，在"报表属性"编辑页面中可以修改"报表标识""报表名称"等相关信息，如图 2-53 所示。

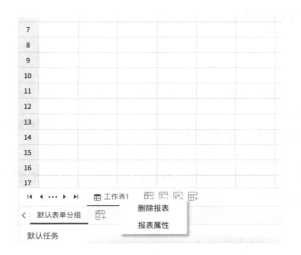

图 2-52　删除报表和报表属性　　　　图 2-53　报表属性编辑页面

8.删除报表

单击"删除报表"可以删除对应报表。

9.新建报表

在报表编辑区域下方工具栏中，单击"新建报表"按钮可新建报表，如图 2-54 所示。

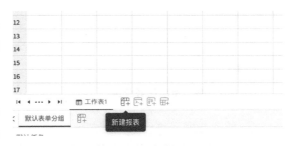

图 2-54　新建报表

10.表格属性

单击"表格"导航菜单，工具栏中的按钮对应字体类型、字体大小、文本颜色等表格属性的设置，如图 2-55 所示。

图 2-55　表格编辑功能

11.删除任务

在数据表样主界面可以查看当前已经保存的任务列表，选中指定任务，单击工具栏的"编辑""删除"按钮可以执行相关操作。

2.4.3 任务实现

制作数据表样

1. 新增任务分组

1）单击"参数配置"下"数据模型"子菜单"数据表样",打开"数据表样"主界面,如图2-56所示。

2）主界面左侧是任务列表,默认选中"全部任务",单击工具栏"新增分组"按钮,如图2-56所示。

3）在"任务分组"窗口,"名称"框中输入"招聘数据分析系统","父节点"默认选择"全部任务",然后单击"确定"按钮,如图2-57所示。

图 2-56 新增任务分组

图 2-57 新增任务分组信息

2. 创建数据表样

1）在数据表样主界面左侧任务列表中选择"招聘数据分析系统",单击工具栏的"新增任务"按钮打开"创建任务"窗口。

2）单击"数据方案"下拉列表框,选择"招聘数据分析系统"分组下面的"招聘岗位数据分析方案",如图2-58所示。

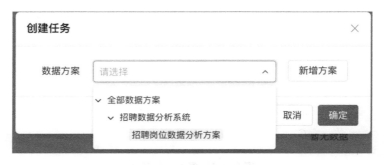

图 2-58 选择数据方案

3）单击"确定"按钮。

3. 设计数据表样

1）在数据表样设计页面中，首先在"任务属性"窗口，将"任务名称"修改为"招聘数据分析任务"，如图2-59所示。

2）在"周期类型"下面的"任务开始时间"选择"2022年"，如图2-60所示。

图2-59　编辑任务名称　　　　　　　　图2-60　选择任务开始时间

3）单击顶部工具栏的"保存"按钮，保存数据。

4）右击"工作表1"，单击"报表属性"，在右侧的弹出窗口中，将"报表名称"修改为"招聘岗位数据"，单击工具栏的"保存"按钮，保存数据，如图2-61所示。

5）在报表设计区域，在"A1"单元格输入"所属省市"，然后在同一行后面单元格中依次输入"岗位类型""岗位名称""公司名称""公司规模""公司类型""工作地点""薪资范围""所属行业""学历""工作类型""工作年限""岗位数量"，效果如图2-62所示。

图2-61　编辑报表属性

任务	表格	数据	公式	打印	报告							

| ↺ 撤销 ▾ | ↻ 恢复 ▾ | 格式刷 | 任务属性 | 新增报表方案 | 方案生效时期 | 映射方案 | 从Excel导入 | 表样导出 | 复制报表 | 同步报表 |

| L1 | fx | 工作年限 |

A	B	C	D	E	F	G	H	I	J	K	L	M
所属省市	岗位类型	岗位名称	公司名称	公司规模	公司类型	工作地点	薪资范围	所属行业	学历	工作类型	工作年限	岗位数量

图2-62　招聘岗位数据报表表头

6）单击行编号"2"选中此行，然后右击选中区域出现操作菜单，单击"设置行浮动"完成行浮动设置，如图2–63所示。

7）单击行编号"2"选中此行，右键选中区域，单击"指标映射"菜单，在界面右侧打开"指标映射"面板，找到"招聘岗位数据明细表"并单击左边下拉图标"▶"展开表中字段，如图2–64所示。

图2–63　设置行浮动　　　　　　　　　图2–64　指标映射

8）光标移到"所属省市"字段，单击不要松开，将其拖拽到"A2"单元格，如图2–65所示。

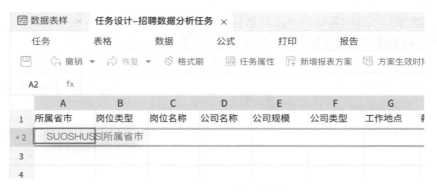

图2–65　将映射字段拖拽至报表单元格

9）按照同样方式拖拽"招聘岗位数据明细表"剩余字段到当前报表"B2"至"M2"单元格中，拖拽过程中注意观察报表表头要与字段名称相对应，见表2–2。

表 2-2　指标映射对应关系

招聘岗位数据明细表字段	招聘岗位数据报表单元
SUOSHUSS｜所属省市	A2
GWLX｜岗位类型	B2
GSGM｜公司规模	E2
GSLX｜公司类型	F2
XZFW｜薪资范围	H2
SSHY｜所属行业	I2
XL｜学历	J2
GZLX｜工作类型	K2
GZNX｜工作年限	L2
GWMC｜岗位名称	C2
GSMC｜公司名称	D2
GZDD｜工作地点	G2
GWSL｜岗位数量	M2

指标映射结果如图 2-66 所示。

图 2-66　指标映射结果

10）单击行编号 "3" 并选择后面所有行，右击选择菜单 "删行"，删除从第三行开始往后所有空白行。

11）单击工具栏的 "保存" 按钮，保存设计结果。

12）单击工具栏的 "发布" 按钮，弹出确认框，单击 "确定" 按钮，发布当前任务。

📶 单元小结

本单元主要介绍了数据模型的概念及创建方法，主要涉及如下重要概念的应用：字段是数据表格每列数据的说明，记录是数据表格中的每行数据；常用的数据类型有字符型、数值型、整数型、日期型及日期时间型等；维度是数据分析的角度，度量是每个角度具体的数值；数据建模是描述物体特征的框架；数据表样是将数据建模以某种合适方式的体现等。

数据模型的成功创建，是数据分析中的重点和难点，同时也是大大提升数据分析工作效率和效果的关键环节，在学习中需要不断深入体会和揣摩，学会用模型的思维做数据，实现从业务到数据的认知凝练。

📶 单元考评表

考核学生的专业能力和关键能力，采用过程性评价和结果评价相结合、定性评价与定量评价相结合的考核方法，填写考核评价表。注重学生动手能力和在实践中分析、解决问题的能力的考核，对于在学习上和应用上有创新意识的学生给予特别鼓励。

考评项	考评标准	分值	自评	互评	师评
任务完成情况 （50分）	1. 完成数据架构设计	15			
	2. 完成数据方案设计	15			
	3. 完成数据表样制作	20			
任务完成效率 （10分）	2个小时之内完成可得满分	10			
表达能力 （10分）	能够清楚地表达本单元讲述的重点	10			
解决问题能力 （10分）	具有独立解决问题的能力	10			
总结能力 （10分）	能够总结本单元的重点	10			
扩展：创新能力 （10分）	具有创新意识	10			
合计		100			

数字技术应用

单元 3
数据为基——招聘岗位数据整理

琪琪完成对"招聘数据分析系统"的数据模型设计后，需要根据模型要求收集并整理相关数据。数据整理是挖掘提炼数据价值过程中重要的一环，有效的数据整理是一切分析工作的基石。

企业导师安排的第三项考核任务是：招聘岗位数据整理。

学习目标

1) 了解数据整理的方法
2) 整理导入前的 Excel 数据表的数据
3) 导入有效数据到分析系统中
4) 具备有效进行数据整理、清洗和导入的能力

任务 3.1 整理数据

3.1.1 任务描述

数据整理在数据分析中扮演着至关重要的角色。在本次任务中，将对招聘数据分析系统的招聘岗位数据进行理解，并对其数据质量进行评估，然后对其进行数据清洗，得到符合数据分析要求的数据，为后续的数据分析提供充足的养料。

3.1.2 知识解析

1. 数据质量

数据质量是衡量数据是否能够满足特定用途或业务需求的一组属性和特征。

高质量的数据应该是准确、完整、可靠和相关的，以支持有效的决策制定和流程优化。理解和保证数据质量对于任何数据处理活动都至关重要。

数据质量评估的八个维度如图 3-1 所示。

图 3-1 数据质量评估的八个维度

（1）准确性（Accuracy）

定义：数据的准确性是指数据正确反映现实世界实体或事件的程度。

示例：客户数据库中的地址信息与客户的实际居住地址完全一致。

（2）完整性（Completeness）

定义：数据的完整性是指所需数据的可用性和不缺失的程度。

示例：所有客户记录都有完整的联系信息，包括电话号码和电子邮件地址，没有遗漏。

（3）一致性（Consistency）

定义：数据的一致性是指在不同数据集中相同数据保持一致的程度。

示例：客户在公司的所有记录中使用相同的客户 ID 和姓名拼写方式，无论是在销售、客户服务中，还是在营销数据库中。

（4）可靠性（Reliability）

定义：数据的可靠性是指数据在不同时间点和条件下保持一致的程度。

示例：对同一数据源进行的重复度量或计算得到的结果是一致的。

（5）及时性（Timeliness）

定义：数据的及时性是指数据在需要时是可用的，反映了最新状态。

示例：库存数据实时更新，以反映最新的库存水平，帮助做出补货决策。

（6）唯一性（Uniqueness）

定义：数据的唯一性是指数据库中每条记录都是独一无二的，没有重复的记录。

示例：客户数据库中每个客户只有一个唯一的记录，没有重复条目。

（7）可验证性（Verifiability）

定义：数据的可验证性是指数据的来源、状态和历史是否可以被验证。

示例：所有数据输入都有明确的来源记录和审计跟踪，以便在有疑问时查验。

（8）可追溯性（Traceability）

定义：数据的可追溯性是指数据的来源、处理过程和历史可以被追踪和审查的能力。

示例：数据的每次更改都记录在日志文件中，包括更改的时间、执行更改的人和更改的性质。

理解上述数据质量概念对于进行有效的数据处理和分析至关重要。只有当数据质量得到保证时，基于这些数据的分析和决策才能可靠和准确。

2. 数据质量问题

数据质量问题可以广泛存在于数据收集、存储、处理和分析的各个阶段，影响数据的准确性、可靠性和有效性。

常见的数据质量问题如图 3 - 2 所示。

图 3 - 2　常见的数据质量问题

（1）数据不准确

数据条目错误，如拼写错误、数值错误、日期格式错误等。

示例：客户的生日被错误地输入为未来的日期。

（2）数据重复

相同的数据记录在数据库中出现多次。

示例：同一个客户在客户数据库中有多个重复的记录。

（3）数据缺失

必要的数据字段为空或缺失。

示例：客户的联系信息缺少电子邮件地址。

（4）数据过时

数据不再反映当前的情况或状态。

示例：员工记录中的联系信息已经变更但未更新。

（5）数据不一致

相同的数据在不同的数据源或系统中呈现不一致。

示例：客户的姓名在不同的系统中有不同的拼写。

（6）数据格式不标准

数据的格式和表示在不同的记录或系统中不一致。

示例：日期字段在不同的数据集中使用不同的格式（如 YYYY 年 MM 月 DD 日或 YYYY/MM/DD），如图 3 - 3 所示。

员工编号	姓名	性别	出生日期	入职日期	部门
1001	梁冬梅	女	1990年1月1日	2015/12/4	教研部
1002	李静	女	1995年8月1日	2020/5/15	软件研发部
1003	刘明	男	1986年7月24日	2021/10/10	市场部

图 3 - 3　日期格式不一致

（7）数据冗余

数据库中存在不必要的重复信息。

示例：用户表中的地址与一个独立的地址表重复，而这个地址表可以通过外键关联，如图3-4所示。

用户表			
用户编号	用户名称	密码	地址
1001	梁栋旭	xxxxxx	北京朝阳区xxxxx
1002	张益民	xxxxxx	河北省保定市xxxx
1003	王瑶	xxxxxx	山西省运城xxxxx

地址表				
编号	用户编号	手机号	地址	是否默认
2001	1001	1310000000l	北京市朝阳区xxxxx	是
2002	1001	1320000000l	上海市浦东xxxxx	否
2003	1002	13200000002	河北省保定市xxxxxx	是

图3-4 数据冗余问题

（8）数据隔离

相关数据分散在不同的数据库或表中，导致难以进行综合分析。

示例：客户信息和订单信息存储在隔离的系统中，使得汇总客户购买历史成为一项挑战。

（9）数据安全与隐私

数据泄露、未授权访问或不符合数据保护法规。

示例：敏感客户数据未加密存储或未经授权访问。

（10）数据集成

不同来源的数据由于缺乏标准化难以集成或出现兼容性问题。

示例：合并两个不同业务系统的客户数据时遇到字段对应不一致的问题。

解决上述数据质量问题通常需要综合的策略，包括制定数据管理和治理政策、使用数据清洗工具和技术以及定期进行数据质量评估。通过解决数据质量问题，可以提高数据的可用性、可靠性和准确性，从而支持更有效的决策制定和业务流程。

3. 数据清洗

数据清洗是指检测、修正或删除数据集中不准确、不完整、无关或格式不正确的数据的过程。

数据清洗是数据分析的数据预处理中非常重要的部分，是将采集得到的"脏数据"转换为符合数据质量要求的数据的过程，如图3-5所示。

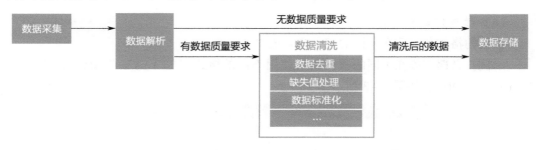

图3-5 数据预处理中的数据清洗

数据清洗的目的是提高数据质量，确保数据可用于分析和决策。

（1）数据清洗的内容

1）删除重复或无关的记录：识别并移除数据集中的重复条目或与分析目标无关的记录。

2）修正结构问题：确保所有数据采用统一且正确的格式，包括日期格式、文本格式、数字格式等。

3）填补缺失值：对缺失的数据进行估计或填补，使用各种方法来推断缺失的信息。

4）修正或删除错误数据：识别并修正错误数据，比如错误的数据录入、错误的计算结果或异常值。

5）验证数据准确性：检查数据是否满足预定义的规则和标准，确保数据的正确性和合理性。

6）数据标准化和规范化：将数据转换成一致的格式，使其符合标准化要求，比如将所有地址格式化为标准格式。

7）识别和处理异常值：通过统计分析方法识别异常值，并决定如何处理这些值（保留、删除或更正）。

（2）数据清洗的方法

1）手动清洗：人工检查数据和修正错误。适用于小规模数据集，耗时且效率低下。

2）自动化脚本和软件：使用编程语言编写脚本，自动完成数据清洗过程。常用于大规模数据集。

3）数据清洗工具：利用专业的数据清洗工具，这些工具提供了界面化操作，简化了数据清洗过程。

4）过滤和排序：使用过滤器和排序功能来识别不一致或异常的数据。

5）数据转换：应用数学函数或逻辑规则将数据从一种格式转换为另一种格式，提高数据的一致性和准确性。

6）聚合：合并多个来源或记录的数据，用于创建一致的视图。

7）关联规则：应用关联规则来识别和纠正数据中的不一致性。

3.1.3　任务实现

1. 数据理解

招聘数据分析系统使用的数据"招聘岗位原始数据.xlsx"是通过爬虫工具采集到的招聘数据，共包含 13 个字段，21388 行数据，部分数据如图 3-6 所示。

整理数据

所属城市	岗位类型	岗位名称	公司名称	公司规模	公司类型	工作地点	薪资范围	所属行业	学历	工作类型	工作年限	岗位数量
北京	Java	java(公办本科	自由职客	(北京 100-299人	民营	北京-昌平-史	1.5万-1.9万	IT服务	本科	全职	5-10年	1
北京	.NET	.net开发工程	北京鸿联九五信	10000人以上	国企	北京-朝阳-望	2万-4万	运营商/增值服	本科	全职	5-10年	1
北京	Java	Java高级开发	北京荣大科技	1000-9999人	股份制企业	北京-丰台-看	1.6万-2.6万	证券/期货	学历不限	全职	5-10年	1
北京	Java	Java开发工程	南方新华	100-299人	其他	北京-朝阳-望	2万-4万	人力资源服务	本科	全职	不限	1
北京	Java	高级Java开发	展鸿科技	100-299人	民营	北京-丰台-看	2万-2.4万	计算机软件	本科	全职	5-10年	1
北京	Java	Java开发工程	亿赛通	100-299人	上市公司	北京-清河	1.5万-3万	计算机软件	大专	全职	3-5年	1
北京	运维工程师	系统运维工程	北京汉克时代	1000-9999人	民营	北京-丰台-马	1.8万-2.2万	计算机软件	本科	全职	5-10年	1
北京	品牌经理	集团品牌总监	北京恒成华安	1000-9999人	民营	北京-大兴-	2万-3万	咨询服务	本科	全职	5-10年	1
北京	互联网运营	互联网运营	北京哪一个网络	100-299人	民营	北京-丰台-白	1.5万-2.5万	互联网	本科	全职	5-10年	1
北京	交易员	交易员	五矿国际信托	500-999人	国企	北京-东城-东	2万-3万	信托	本科	全职	5-10年	1
北京	工程资料管理	涉密项目管理	北京市建筑设计	1000-9999人	国企	北京-西城-月	1万-2万	建筑设计	本科	全职	5-10年	1
北京	Java	JAVA开发027	天宇正清科技	500-999人	民营	北京-西城-德	1.8万-2.1万	IT服务	大专	全职	5-10年	1
北京	Java	Java (Polycl	Infosys Tech	1000-9999人	外商独资	北京-朝阳-望	1.7万-3万	计算机软件	大专	全职	5-10年	1

图 3-6　招聘岗位数据截图

招聘岗位数据字段介绍见表 3 – 1。

表 3 – 1　招聘岗位数据字段介绍

字段名称	类型	描述
所属城市	文本	招聘岗位所属省市，包含北京、成都、天津等 17 个省市
岗位类型	文本	招聘岗位类型
岗位名称	文本	招聘岗位名称
公司名称	文本	招聘公司名称
公司规模	文本	招聘公司规模，人数范围使用" – "连接
公司类型	文本	招聘公司类型，包含上市公司、事业单位等 17 个类型
工作地点	文本	招聘公司地址
薪资范围	文本	招聘岗位薪资范围，使用" – "连接最小值和最大值
所属行业	文本	招聘岗位所属行业，包含 IT 服务、保险业等多个行业
学历	文本	招聘岗位的学历要求，包含博士、本科等 7 个等级
工作类型	文本	招聘岗位工作性质，包含全职、兼职/临时、校园三种
工作年限	文本	招聘岗位工作年限要求
岗位数量	数值	招聘岗位数量

2. 数据清洗

首先打开"招聘岗位原始数据 . xlsx"文件，表格内容是部分原始数据，按照如下步骤进行数据清洗：

（1）检查并处理重复数据

在招聘岗位数据中，使用"岗位名称"和"公司名称"作为数据重复的初步筛选条件，两个字段值都相同的情况下，再观察整行其他数据是否都相同，都相同则认为数据重复，否则判断为两个不同的招聘岗位。

在 Excel 中，使用条件格式标识重复数据。

1）选中"岗位名称"和"公司名称"两列数据，在"开始"菜单下选择"条件格式"→"突出显示单元格规则"→"重复值"，如图 3 –7 所示。

图 3 – 7　选择重复值条件格式

2）在弹出来的"编辑格式规则"窗口选择要给重复值标记的颜色，在这里"设置格式"选择系统默认的"浅红填充色深红色文本"，如图 3 – 8 所示。

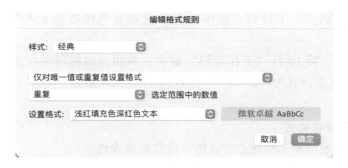

图3-8 设置格式

3）观察条件格式设置结果，发现第3行和第4行，第30行和第31行的"岗位名称"和"公司名称"的内容相同，如图3-9所示。

	所属城市	岗位类型	岗位名称	公司名称	公司规模	公司类型	工作地点	薪资范围	所属行业	学历	工作
2	北京	Java	java(公办本科 学	自由职客(北京)网络技	100-299人	民营	北京-昌平-史各日	1.5万-1.9万	IT服务	本科	全职
3	北京	.NET	.net开发工程师	北京鸿联九五信息产业	10000人以上	国企	北京-朝阳-望京	2万-4万	运营商/增值制本科		全职
4	北京	.NET	.net开发工程师	北京鸿联九五信息产业	10000人以上	国企	北京-朝阳-望京	2万-4万	运营商/增值制本科		全职
30	上海	项目经理/主管PMO项目管理		湖南仕悦企业管理咨询	20-99人	其他	上海-浦东-陆家嘴	2.5万-5万	人力资源服务本科		全职
31	上海	项目经理/主管PMO项目管理		湖南仕悦企业管理咨询	20-99人	其他	上海-浦东-陆家嘴	2.5万-5万	人力资源服务本科		全职
32	广东	Java	Java/js/Python/c+	外企德科	1000-9999人	合资	广州-天河-冼村	1.5万-3万	人力资源服务本科		全职
33	广东	Java	Java开发工程师	万宝盛华	1000-9999人	合资	广州-天河-新塘	2万-2.8万	咨询服务	大专	全职
34	广东	场长（农/林/农场场长/技术员		儒韵数码	300-499人	民营	广州-番禺-黄村	2万-4万	电子商务	本科	全职
35	广东	Java	Java开发工程师	博彦科技	10000人以上	上市公司	广州-番禺-市桥	1.1万-1.8万	IT服务	本科	全职
36	广东	C#	Consultant Specia	汇丰软件开发(广东)有	1000-9999人	外商独资	广州-天河-天园	面议	计算机软件	本科	全职

图3-9 条件格式设置结果

4）观察第3行和第4行、第30行和第31行其他单元格值，发现完全一样，判断为数据重复，在表格中删除2行数据重复行的其中1行数据。

（2）处理缺失数据

同样使用"条件格式"检查数据中的缺失值，并根据情况填充或删除。

1）选中所有数据，在"开始"菜单下选择"条件格式"→"突出显示单元格规则"→"其他规则"。

2）在"新建格式规则"窗口，"单元格选择"下拉列表框中选择"空值"，如图3-10所示。

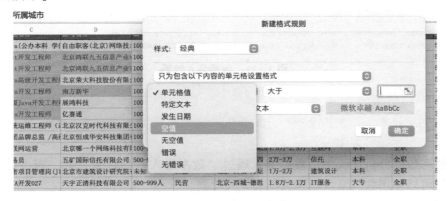

图3-10 选择空值格式

047

3）在"设置格式"下拉列表框中选择"黄填充色深黄色文本"，然后单击"确定"按钮。

4）空值处理：第 16 行"工作年限"缺失，参照同城相同岗位多数工作年限要求对其进行补充，这里设置为"1 – 3 年"；第 61 行"岗位数量"缺失，使用默认值 1 进行填充。

（3）规范化数据格式

1）确保所属城市和工作地点字段的一致性和准确性。

2）规范化薪资范围字段，将其转换为统一格式（如"最小值 – 最大值"）。

3）检查学历字段，确保其值的一致性。

（4）检查和纠正错误或异常值

1）确认工作年限字段的格式和范围是否合理，对异常值进行处理。

2）确认岗位数量字段的值是否合理，处理可能的错误或异常值。

3）确认薪资范围字段的值是否合理，处理可能的错误或者异常值，第 57 行薪资范围的值为"200 万"，对比相同岗位存在明显异常，参考其他招聘信息调整为"2 万 – 3 万"。

任务 3.2 导入数据

3.2.1 任务描述

在数据处理完成后，下一步是通过"数字技术应用实践平台"导入数据。本次任务要求读者熟练掌握平台的数据导入功能，确保数据能够准确无误地加载到系统中。通过这一操作，可以进一步准备数据，为后续的数据分析提供更可靠的数据基础。完成效果如图 3 – 11 所示。

	A	B	C	D	E	F	G	H	I	J	K	L	M
1	所属省市	岗位类型	岗位名称	公司名称	公司规模	公司类型	工作地点	薪资范围	所属行业	学历	工作类型	工作年限	岗位数量
2	北京	Java	java红杉本科/学信网可查/四年以上经验	信息存储/北京网络技术有限公司	100-299人	民营	北京-昌平-史各庄	1.5万-1.9万	IT服务	本科	全职	5-10年	1
3	北京	.NET	.net开发工程师	北京理帆九五信息产业有限公司	10000人以上	国企	北京-朝阳-望京	2万-4万	运营商/增值服务	本科	全职	5-10年	1
4	北京	Java	Java高级开发工程师	北京软木科技股份有限公司	1000-9999人	股份制企业	北京-朝阳-建外	1.6万-2.6万	证券/期货	学历不限	全职	5-10年	1
5	北京	Java	Java开发工程师	南方新华	其他	其他	北京-朝阳-看丹	2万-4万	人力资源服务	本科	全职	不限	1
6	北京	Java	高级Java开发工程师	展鸿科技	100-299人	民营	北京-丰台-看丹	2万-2.4万	计算机软件	本科	全职	5-10年	1
7	北京	Java	Java开发工程师	亿赛通	100-299人	上市公司	北京--清河	1.5万-3万	计算机软件	大专	全职	3-5年	1
8	北京	运维工程师	系统连维工程师（流程测试）	北京英凡科技网络有限公司	1000-9999人	民营	北京-丰台-马家堡	1.8万-2.2万	计算机软件	本科	全职	5-10年	1
9	北京	品牌经理	集团品牌总监/高级经理	北京信维环宇科技集团有限公司	1000-9999人	民营	北京-大兴-	2万-3万	咨询服务	本科	全职	5-10年	1
10	北京	互联网运营	互联网运营	北京博一个猫咪科技有限公司	100-299人	民营	北京-西城-白纸坊	1.5万-2.5万	互联网	本科	全职	5-10年	1

图 3 – 11 数据导入效果

3.2.2 知识解析

在"数字技术应用实践平台"，数据导入是使用"数据录入"功能，将经过整理的数据导入到数据报表中。

在招聘数据分析系统中，数据导入通过"数据录入"组件来完成。当设计完数据表样，就可以使用数据录入功能为报表导入数据。

数据录入主界面如图 3 – 12 所示。

图 3 – 12　数据录入主界面

1. 保存

保存报表数据的更新，可以单击工具栏的"保存"按钮，也可以使用快捷键"Ctrl + S"进行保存操作。

2. 删行

删行即删除报表的行，需要选中要删除的数据行，然后单击工具栏的"删行"或者右击选择"删除所选行"命令进行删行操作。

3. 插行

插行即在报表中插入新的行，此功能需要通过单击行标选中行数据，然后单击工具栏的"插行"按钮插入空行。

4. 冻结

若希望工作表的某一区域在滚动到工作表的另一区域时仍保持可见，需要使用冻结功能。冻结分为三种情况：

（1）冻结行

比如希望保持第一行始终可见，需要选中第二行，然后单击工具栏"冻结"按钮，那么从第二行数据开始随上下滚动条滚动。如果保持前三行可见，则选中第四行然后单击"冻结"按钮。

（2）冻结列

比如希望保持第一列始终可见，需要选中第二列，然后单击工具栏"冻结"按钮，那么从第二列数据开始随左右滚动条滚动。如果保持前三列可见，则选中第四列然后单击"冻结"按钮。

（3）冻结单元格

比如希望同时保持第一行和第一列始终可见，需要选中第一行和第一列交叉单元格右下角的单元格即 B2，然后单击工具栏"冻结"按钮。

冻结报表后，再次单击"冻结"按钮则取消冻结状态。

5. 排序

排序用于对数据进行升序或者降序排列。单击工具栏"排序"按钮，在浮动行的第一行单元格出现箭头符号，如图 3 – 13 所示。

单击箭头，比如单击"岗位类型"下面的箭头按钮，则会出现按照该列数据进行升序或降序排列的提示窗口，如图 3 – 14 所示。

选择排序方式，单击"确定"按钮，报表数据会重新排列。

	A	B	C	D	E	F	G	H	I	J	K
1	所属城市	岗位类型	岗位名称	公司名称	公司规模	公司类型	薪资范围	学历	工作类型	工作年限	岗位数量
2	北京	Java	java以办本科 学位网可查 四年以上工作经验	自由职客(北京)网络技术有限公	100-299人	民营	0.15万-2.58万	本科	全职	5-10年	1
3	北京	.NET	.net开发工程师	北京海鼎大五信息产业有限公司	10000人以上	国企	2.58万-5.02万	本科	全职	5-10年	1
4	北京	Java	Java高级开发工程师	北京荣大科技股份有限公司	1000-9999人	股份制企业	0.15万-2.58万	学历不限	全职	5-10年	1
5	北京	Java	Java开发工程师	南方新华	100-299人	其他	2.58万-5.02万	本科	全职	不限	1
6	北京	Java	高级Java开发工程师	展鸿科技	100-299人	民营	0.15万-2.58万	本科	全职	5-10年	1
7	北京	Java	Java开发工程师	亿赛通	100-299人	上市公司	0.15万-2.58万	大专	全职	3-5年	1

图 3 – 13　显示排序

图 3 – 14　排序提示窗口

单击"清除排序"按钮，可清除排序设置。

对于设置了排序功能的报表再次单击"排序"按钮，取消排序设置。

6. 整表清除

整表清除功能用于清除表中所有的数据。

7. 导出

导出功能用于导出当前报表数据，导出结果为一个 Excel 文件。

8. 导入

导入功能是将符合报表样式规则的 Excel 数据导入当前报表中。

3.2.3　任务实现

1. 打开数据录入界面

1）单击"参数配置"子菜单"数据录入"，如图 3 – 15 所示。

2）在任务选择窗口，单击"招聘数据分析任务"，然后单击"确定"按钮，如图 3 – 16所示。

录入数据

3）打开"数据录入"主界面，可以直接将整理好的数据复制粘贴到报表区域，也可以使用数据导入功能。导入数据要求符合当前报表表样规则，因此可以先导出当前报表，然后再利用导出的 Excel 文件实现数据导入。

图 3 - 15　单击"数据录入"菜单　　　　图 3 - 16　选择数据录入任务

2. 导出数据录入模板

1）在"数据录入"主界面，单击工具栏"导出"按钮，如果没有则单击工具栏右侧的"…"按钮，选择"导出"。

2）在"导出"设置页面中，默认选中导出"当前报表"，默认选中"导出 EXCEL 文件"，然后选择"导出空表"，如图 3 - 17 所示。

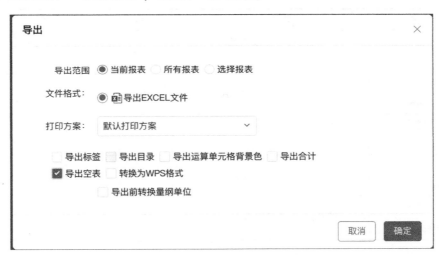

图 3 - 17　导出设置

3）单击"确定"按钮。

3. 导入数据

1）复制导出表格中工作表的名称，如图 3 - 18 所示。

2）打开"招聘岗位数据．xlsx"，将工作表名称替换为复制内容。

图 3 - 18　复制导出工作表名称

3）保存表格后关闭"招聘岗位数据.xlsx"。

4）单击工具栏"导入"按钮，选择"招聘岗位数据.xlsx"后进行数据导入，导入完成后单击工具栏"保存"按钮。

单元小结

本单元介绍了数据分析中一项重要的基础性工作——数据整理，从生活中无处不在的数据讲起，通过对数据背后所隐藏的特定含义的分解，引申出每种数据的鉴定识别需要具备数据敏感度，即对数据的感知、计算和理解的能力，在生活中可以通过多种方式来培养数据敏感度。

数据整理是数据分析的基石，即从大量杂乱无章、难以理解的数据中，抽取出对解决问题有价值、有意义的数据。常用的处理方式有重复数据处理、缺失数据处理、空格数据处理等。数据整理是数据分析必不可少的阶段。

单元考评表

考核学生的专业能力和关键能力，采用过程性评价和结果评价相结合、定性评价与定量评价相结合的考核方法，填写考核评价表。注重对学生动手能力和在实践中分析、解决问题的能力的考核，对于在学习上和应用上有创新意识的学生给予特别鼓励。

考评项	考评标准	分值	自评	互评	师评
任务完成情况 （50分）	1. 完成招聘岗位数据整理	20			
	2. 完成招聘岗位数据导入	30			
任务完成效率 （10分）	2个小时之内完成可得满分	10			
表达能力 （10分）	能够清楚地表达本单元讲述的重点	10			
解决问题能力 （10分）	具有独立解决问题的能力	10			
总结能力 （10分）	能够总结本单元的重点	10			
扩展：创新能力 （10分）	具有创新意识	10			
合计		100			

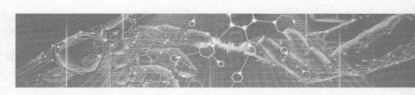

单元4
分析为魂——招聘岗位数据分析

琪琪整理完成相关数据并将数据导入分析系统后，明确了收集和整理数据并不是最终的目的，为完成（新）招聘岗位数据分析系统，接下来需要对这些数据进行分析，赋予数据生命力，让数据获得"人脑"的智能。

企业导师安排的第四项考核任务是：招聘岗位数据分析。

🛜 学习目标

1）理解一般数据分析思维的概念与原理
2）理解一般数据分析方法的概念与原理
3）理解数据集的概念
4）掌握单维度数据集创建的方法与步骤
5）掌握多维度数据集创建的方法与步骤
6）具备从多维度进行数据分析的能力

任务4.1 应用数据分析方法

4.1.1 任务描述

如果将数据分析比作烹饪，数据分析方法则像是菜谱，指导我们如何运用合理的方法做出一道佳肴。数据分析方法多种多样，在本次任务中读者需要掌握几种代表性分析方法，学会在实际数据分析中选择适合的数据分析方法，力求用最简单的方法将问题解决。

4.1.2 知识解析

数据分析方法是执行数据分析的具体技术和流程，它包括一系列的技术步骤和算法，用于处理和分析数据。

数据分析方法是广义上进行数据分析的方式或策略，用于指导如何从原始数据中提取有用信息或洞察。例如，探索性数据分析、对比分析、多维度拆解分析等都是数据分析方法。

1. 描述性统计分析

描述性统计分析主要利用统计表、统计图等对收集的数据进行处理分析和解释，以总结数据的主要特征，表述事物间的关联、类属关系。

假设一家餐厅想要分析其过去一年的营业额情况，对其使用描述性统计分析的过程如下：

（1）数据收集

收集过去一年餐厅的营业额数据，包括每日、每周或每月的收入记录。

收集到的前10条数据见表4-1。

表4-1　餐厅部分营业额记录

记录日	营业额/元	记录日	营业额/元
第1天	2248.36	第6天	1882.93
第2天	1930.87	第7天	2789.61
第3天	2323.84	第8天	2383.72
第4天	2761.51	第9天	1765.26
第5天	1882.92	第10天	2271.28

（2）数据整理

确保数据的准确性和完整性，处理缺失或异常值。

（3）计算基本统计量

1）平均值（Mean）：计算期间内营业额的平均数，提供营业额的中心点。

2）中位数（Median）：找出营业额数据集的中间值，减少极端值的影响。

3）模式（Mode）：确定营业额中出现次数最多的值，反映最常见的营业额水平。

4）方差和标准差（Variance & Standard Deviation）：衡量营业额数据的波动性或分散程度。

对餐厅营业额进行统计，结果如下：

- 数据点数量（Count）：365，表示一年内每天都有营业额的记录。
- 平均营业额（Mean）：约2004.97元，显示了一年中日营业额的平均值。
- 标准差（Std）：约474.03元，表示营业额数据的波动程度。
- 最小值（Min）：约379.37元，表示一年中最低的日营业额。
- 25%分位数：约1673.34元，表示一年中25%的日营业额低于此值。
- 中位数（50%分位数）：约2029.10元，表示一年中日营业额的中值。

- 75%分位数：约2312.83元，表示一年中75%的日营业额低于此值。
- 最大值（Max）：约3926.37元，表示一年中最高的日营业额。

（4）绘制数据图表

1）柱状图：展示不同时间段或分类的营业额比较。

2）箱线图：呈现营业额数据的分布情况，包括中位数、四分位数和异常值。

餐厅营业额描述性统计分析如图4-1所示。

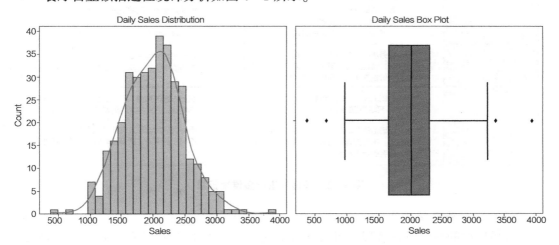

图4-1　餐厅营业额描述性统计分析

直方图（左图）展示了日营业额的分布情况，显示大多数日营业额集中在2000元左右，但也有一定程度的波动。

箱线图（右图）提供了营业额分布的另一个视角，突出了中位数、四分位数范围以及潜在的异常值。

2. 多维度拆解分析法

多维度拆解分析法就是把复杂问题按照维度拆解成简单问题，观察异动数据，发现问题的原因。

多维度拆解有助于识别出影响一个复杂现象的多个因素，并对每个因素进行详细分析，从而对问题和相关因素获得更全面的理解，并识别出改进的机会。

在使用多维度拆解分析法时，通常从以下两个方面进行拆解：

- 指标
- 业务流程

假设经营一家餐厅，当面临营业额下降的问题时，可以尝试从不同的角度进行拆解。

（1）按指标拆解

定义关键性能指标，总营业额的计算公式是：

$$总营业额 = 顾客数量 \times 人均消费$$

从不同的维度对顾客数量和人均消费进行拆解，如图4-2所示。

餐厅营业额	=	顾客数量	×	人均消费

	顾客数量	人均消费
时间维度	日/周/月/季/年：顾客数量随时间的变化趋势 节假日与特殊事件：对顾客流量的影响 时段分析：哪些时段顾客数量最多，哪些时段最少	时间段：一天中不同时段或一周中的人均消费情况 季节性：一年中不同季节或特殊节假日对人均消费的影响
地理位置维度	区域/城市/门店：不同地区或门店的顾客数量	地理区域：不同地理位置的顾客人均消费差异 门店类型：不同门店类型的人均消费
顾客维度	顾客群体：顾客群体分析 新老顾客：新老顾客的比例和趋势 顾客满意度：顾客满意度对口碑的影响	顾客类型：根据顾客的不同特征进行分类分析 新老顾客：新老顾客的人均消费 顾客满意度：顾客满意度与人均消费之间的关系
产品/服务维度	服务质量：服务水平对顾客吸引力的影响 产品/服务类别：哪些产品或服务类别最能吸引顾客 价格敏感性：价格变化如何影响顾客数量	产品类别：不同菜品或服务类别的人均消费 价格区间：不同价格区间菜品的销售对人均消费的影响
购买渠道维度	线上与线下：线上线下对顾客数量的贡献 多渠道体验：不同渠道的购物体验	购买渠道：线上与线下渠道、不同的线上平台的人均消费 支付方式：不同支付方式的人均消费情况
营销活动维度	促销活动：促销活动对顾客数量的短期和长期影响 广告渠道效果：不同的营销对吸引新顾客的有效性 顾客参与：顾客的参与程度	促销活动：不同促销活动对人均消费的影响 广告投放：不同广告渠道和营销策略对人均消费的作用

图 4-2　按指标进行多维度拆解

（2）按业务流程拆解

分析餐厅的整个服务流程，包括从顾客进店、点餐、用餐到离店的每一个环节。观察是否有服务瓶颈或顾客体验不佳的环节，如等位时间过长、服务响应慢、菜品质量不一等。通过识别流程中的关键问题点，可以有针对性地提出改进措施。

3. 对比分析法

对比分析法是指将两个或两个以上的数据进行比较，分析它们的差异，从而揭示这些数据所代表的事物发展变化情况和规律性。

通过对比分析法可以非常直观地看出事物某方面的变化或差距，并且可以准确、量化地表示出这种变化或差距。

在使用对比分析法时，首先要清楚两个问题：和谁比，如何比较。第一个"和谁比"，可以和自己比，也可以和行业比；第二个"如何比"，一般有 3 个维度，如图 4-3 所示。

图 4-3　对比分析的 3 个维度

在对比分析指标中：

- 用平均值、中位数或者某个业务指标来衡量整体数据的大小
- 使用相关计算方法来衡量整体数据的波动情况
- 从时间维度看数据随着时间的趋势变化

其中趋势变化的对比分析中，时间折线图是以时间为横轴、数据为纵轴绘制的折线图；环比是和上一个时间段对比，用于观察短期的数据集；同比是与去年同一个时间段进行对比。

在餐厅案例中，可以使用对比分析法来深入了解销售额下滑的问题，这需要寻找参照物，也就是与本餐厅相似的其他餐厅，具体需要考虑的问题如图 4-4 所示。

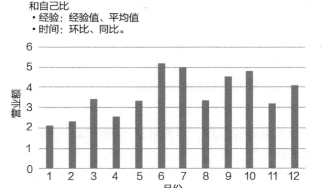

和自己比
- 经验：经验值、平均值
- 时间：环比、同比。

和竞争对手比
行业趋势？
自己产品优势不明显？

选择竞品	产品功能	优势
		劣势
	价格	高
		低
	推广策略	渠道
		时间
		成本

图4-4 餐厅营业额下降的对比分析

具体分析过程如下：

1）同行业的其他餐厅是否也遇到了同样的问题？如果他们的销售额也在下滑，那可能说明问题出在整个餐饮行业或者市场的状况，而不是餐厅本身。反之，如果其他餐厅的销售额在增长，那说明需要找出他们的可取之处，并尝试模仿或改良。

2）将当前销售数据与过去销售数据进行对比。例如，可以对比今年与往年同期的销售额，这样就可以剔除季节性影响。

3）对餐厅内部的数据进行对比分析。例如，可以比较营业额下降的时段与营业额正常的时段的特点，如顾客的消费习惯、喜欢的菜品等。

4.1.3 任务实现

在招聘数据分析系统中主要围绕招聘岗位数量进行分析，使用的分析方法包含多维度拆解分析法和对比分析法。

1. 多维度拆解分析法应用

应用数据分析方法

在此分析流程中，首先确定分析目标，并采用结构分析法来拆分数据中的维度（即分析角度）。由于已准备好相关数据，可在数据基础上对各个维度进行深入分析，明确各维度的分析意义。为了实现招聘分析的目标，选取了如下六个维度进行考察：学历、行业、工作年限、就业城市、岗位类型及公司规模。通过分析确定这些维度是否满足此次分析的需求。

- **学历维度分析**：学历历来是招聘的重要门槛，它不仅与薪资挂钩，还影响到员工的职业发展。因此，对学历结构进行分析，对于实现招聘分析的目标具有实际指导意义。

- **行业维度分析**：随着社会经济的深入发展，各行业的需求和发展趋势对招聘工作产生影响。为了更好地了解和应对市场变化，行业分析是招聘分析中不可或缺的一部分。

- **工作年限维度分析**：随着公司制度的完善，岗位等级逐渐明确，对工作经验的要求也变得更为重要。工作经验成为招聘过程中不可忽视的因素。

- **就业城市维度分析**：随着互联网的普及，地域限制逐渐消失，人们更倾向于选择能够提供工作机会的城市。因此,分析就业城市的影响对于招聘分析至关重要。

- **岗位类型维度分析**:不同岗位对人才的要求各异,同时不同公司对岗位的需求也有所不同。通过岗位类型的分析,可以更好地了解市场上的岗位需求状况。
- **公司规模维度分析**:公司规模成为人才选择的重要因素之一。通过对不同规模企业的用人需求进行分析,对于实现招聘分析的目标具有现实意义。

2. 对比分析法应用

对比分析法在此次分析中起到了至关重要的作用。通过对比不同维度中的多个点,可以深入了解企业对于各个维度的需求和偏好。

- **学历对比分析**:通过对比不同学历的人才需求,可以明确企业对于不同学历背景的人才的偏好和需求,进而为招聘工作提供有针对性的指导。
- **行业对比分析**:通过对比不同行业的需求,有助于更好地了解各个行业的人才需求特点,进而为招聘工作提供更加有效的策略。
- **工作年限对比分析**:通过对比不同工作年限的人才需求,可以了解企业对于工作经验的重视程度和需求类型,进而为招聘工作提供有价值的参考。
- **岗位类型对比分析**:通过对比不同岗位类型的人才需求,可以发现不同岗位之间的差异和特点,为招聘工作提供更加具体的指导。
- **公司规模对比分析**:通过对比不同规模企业的用人需求,可以找到不同规模企业对于人才需求的差异和特点,进而为招聘工作提供更加精准的定位。
- **就业城市对比分析**:通过对比不同省份和城市的人才需求,我们可以了解不同地理区域对人才的需求情况,进一步判断人才需求与地理环境和经济发展之间的关系。

通过对比分析法,可以更加全面地了解和分析各个维度之间的差异和特点,为招聘工作的顺利开展提供有力的支持。

任务 4.2　创建单维度数据集

4.2.1　任务描述

招聘岗位数据分析旨在通过综合运用多维度拆解与对比分析的方法,深入探索不同城市及行业中的岗位需求、薪酬水平、所需学历以及工作经验。为实现此目标,本次任务需要读者从各个角度出发,设计多个覆盖关键维度和度量指标的数据集。然后利用"数字技术应用实践平台"的"查询数据集"功能构建"地理维度数据集",进而对不同城市的岗位需求进行详尽分析。

地理维度数据集创建结果如图 4 – 5 所示。

时期	名称	所属省市	岗位数量
		上海	780
		北京	870
		吉林	870
		天津	840
		山东	1,740
		广东	1,740
		成都	780
		江苏	3,479
2024年	招聘数据分析系统	河南	870
		浙江	1,680
		湖北	780
		湖南	869
		福建	1,740
		辽宁	1,740

图 4 – 5　地理维度数据集

4.2.2　知识解析

1. 招聘平台业务模式

在线招聘平台通过联结求职者和雇主，提供岗位发布、简历投递、职位搜索和推荐等服务。平台通过数据分析，优化匹配算法，提高匹配的准确性和效率，从而增加用户的活跃度和满意度，为企业客户提供精准的人才招聘解决方案。

2. 招聘岗位相关业务指标

1）岗位数量：不同类型岗位的发布数量。

2）平均薪资：按岗位类型、城市、学历要求计算的平均薪资水平。

3）学历要求分布：不同岗位对学历的要求。

4）工作年限分布：岗位要求的工作年限。

3. 招聘岗位数据分析方法

1）多维度拆解分析法：从城市、行业、岗位类型等多个维度探索数据，以全面理解市场动态。

2）对比分析法：比较不同时间段、地区、岗位类型等的数据，识别趋势变化和显著差异。

4. 数据集的基本概念

数据集是指收集的或者用于分析的一组相关数据，通常以表格形式组织，其中包含了进行特定分析所需的所有数据点。

在数据分析中，"数据集"是一个非常基本且关键的概念。数据集可以来源于各种各样的场景，比如调查问卷、实验结果、业务交易记录、传感器收集的数据等。

（1）数据集的主要组成部分

1）变量（Variables）：数据集中的变量代表了收集数据的各个方面。变量可以是数量（如年龄、收入），也可以是分类（如性别、职业）。在表格中，每一列通常代表一个变量。

2）观测（Observations）：每一行通常代表一个观测，也就是对于所有变量的一组测量值。在不同上下文中，观测也可以被称为记录、实例或数据点。

3）数据点（Data Points）：表格中的每个单元格包含一个数据点，是特定观测和特定变量的值。

（2）数据集的类型

1）结构化数据集：以固定格式存储，易于机器阅读和处理，如 CSV 文件、SQL 数据库中的表。

2）非结构化数据集：没有预定义的数据模型，如文本文件、图像、视频等。

（3）数据集的应用

在数据分析的过程中，数据集是进行统计分析、数据挖掘、机器学习等操作的基础。通过对数据集的处理和分析，分析师可以提取有价值的信息，发现数据背后的模式和趋势，做出预测或决策支持。

（4）数据集的处理

在分析之前，数据集通常需要经过一系列的处理步骤，包括数据清洗（去除或填补缺失值、修正错误）、数据转换（标准化、归一化）、特征选择和提取等，以确保数据的质量和分析的有效性。

5. 平台数据集相关功能

"数字技术应用实践平台"通过"数据分析"应用中的"模板管理""模板查看"组件提供数据集相关功能。

图4-6 新建数据集方式

（1）数据源

数据集组件支持的数据来源主要有3种，如图4-6所示。

1）查询数据集：通过添加表样获得数据，数据来源为报表。

2）口径数据集：按照特定的标准或规则收集、整理而获得数据。

3）SQL数据集：通过SQL查询获得数据，数据来源为数据库。

在招聘数据分析系统中使用"查询数据集"，其他两种暂不使用。

（2）查询数据集

查询数据集配置界面如图4-7所示。

图4-7 查询数据集配置界面

1）添加方式：查询数据集按表样进行数据来源选择。

2）查询条件：可以设置数据查询的维度和指标。

3）查询：数据查询结果是一个二维表。

4.2.3 任务实现

1. 设计数据集

（1）观察数据

通过数据分析可以达到总结和监控的作用，对于招聘岗位数据分析，

创建单维度数据集1

"总结"是对已发布的招聘岗位数据进行总结，从数据中发现招聘岗位更深层次的信息。

表 4－2 为采集的某时期发布的招聘岗位数据。

表 4－2　招聘岗位数据

所属城市	岗位类型	岗位名称	公司名称	公司规模	公司类型	薪资区间	学历	工作类型	工作年限
北京	图像识别	软件工程师（数字图像处理）	长春市吉海测控技术有限责任公司	20—99 人	股份制企业	0.15 万元—2.58 万元	本科	全职	3—10 年
天津	城市经理	助理城市经理长春 流通零售	Nestle China/雀巢（中国）	10 000 人以上	外商独资	0.15 万元—2.58 万元	大专	全职	5—10 年
上海	商务经理	商务经理 Trade Provincial Manager	法国施维雅	1000—9999 人	外商独资	0.15 万元—2.58 万元	大专	全职	5—15 年
广州	IT 技术/研发总监	信息总监【20k-30k 月薪，仍有更高的可谈空间，股权激励】	国友线缆集团有限公司	1000—9999 人	民营	2.58 万元—5.02 万元	本科	全职	5—10 年
吉林	产品经理	产品经理	成都纳新企业管理咨询有限公司	20—99 人	民营	2.58 万元—5.02 万元	本科	全职	5—10 年

（2）细分数据集

对招聘岗位数据进行多维度拆解，识别分析维度：

- **地理维度（城市）**：了解不同城市的就业市场差异。
- **行业维度**：分析不同行业的岗位需求和薪资水平。
- **岗位类型维度**：探索各类岗位的需求量和薪酬情况。
- **薪资区间维度**：分析不同薪资区间的招聘岗位数量。
- **学历维度**：评估岗位对学历的要求。
- **工作年限维度**：了解不同经验级别的岗位需求。

为了支持从以上维度进行分析，设计的数据集可以细分为：

- 地理维度数据集。
- 行业维度数据集。
- 岗位类型维度数据集。
- 薪资区间维度数据集。
- 学历维度数据集。
- 工作年限维度数据集。

完成对数据集的基本设计后，下面介绍创建单个数据集的过程。

2. 新建数据集文件夹

登录"数字技术应用实践平台"。

1）单击系统菜单"参数配置"，单击子菜单"数据分析"，如图 4－8 所示。

图 4－8　"数据分析"菜单

2）在新打开的界面选择"数据分析"，然后单击工具栏"新建文件夹"按钮，标题输入"招聘数据分析系统"，如图4-9所示。

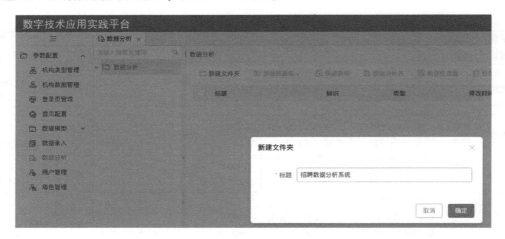

图4-9　新建数据分析文件夹

3）单击"确定"按钮。

3. 创建地理维度数据集

在"数据分析"界面，选择"数据分析"下的"招聘数据分析系统"。

1）单击工具栏"新建数据集"按钮，选择"查询数据集"，"标识"输入"DLWD_GWSL"，"标题"输入"数据集－地理维度－岗位数量"，如图4-10所示。

2）单击"确定"按钮，打开"数据集－地理维度－岗位数量"设计界面。

3）单击"资源树"面板中工具栏"按表样添加"按钮，如图4-11所示。

图4-10　新建地理维度数据集　　　　图4-11　单击"按表样添加"按钮

4）打开"按报表"界面，单击"任务"下拉列表框，选择"招聘数据分析任务"，如图4-12所示。

5）单击"岗位数量"对应的指标单元格，在弹出的下拉菜单中选择"添加到指标"，将岗位数量添加到分析指标中，如图4-13所示。

6）单击"确定"按钮，回到"数据集－地理维度－岗位数量"设计界面。

图4-12　选择"招聘数据分析任务"

图4-13　选择"添加到指标"

7）在"可选维度"中只选择"所属省市"作为分析维度，如图4-14所示。

8）起始年份选择"2023年"，然后单击"查询"按钮，结果如图4-15所示。

图4-14　选择"所属省市"作为分析维度

图 4 - 15　查询地理维度数据集

9）单击工具栏"保存"按钮，保存数据集查询结果。

4. 分析地理维度数据集

地理维度数据集数据查询结果见表 4 - 3。

表 4 - 3　地理维度数据集数据查询结果

时期	名称	所属省市	岗位数量
		上海	780
		北京	870
		吉林	870
		天津	840
		山东	1,740
		广东	1,740
		成都	780
		江苏	3,479
2024 年	招聘数据分析系统	河南	870
		浙江	1,680
		湖北	780
		湖南	869
		福建	1,740
		辽宁	1,740
		重庆	870
		陕西	870
		黑龙江	870

应用对比分析法分析不同省市的岗位数量差异，分析目标是识别出岗位需求高的省市与需求低的省市，为深入分析提供数据参考。

（1）省市岗位需求对比

通过对比分析法识别岗位需求最高和最低的省市：

1）岗位需求最高的省市：江苏，岗位数量为3479。

2）岗位需求最低的省市：上海、成都和湖北，岗位数量均为780。

同时发现山东、广东、浙江、福建、辽宁这些省份的岗位需求量在1600~1800之间，处于岗位需求量第二个梯度；剩余省市岗位需求量均不足1000。

（2）需求差异理解

分析可能导致这些差异的因素，如经济发展水平、行业集中度、人口规模等。

（3）分析解读

需求最高的省市为江苏，可能因为经济活动的集中度高、多个行业的发展良好，或是政策支持和人才吸引力较强，导致岗位需求量大。

需求最低的省市为上海、成都和湖北，尽管这些城市经济发展水平高，但相对较低的岗位数量可能反映了招聘市场的季节性变化、特定行业的饱和度，或是数据收集时段的特定情况。

任务4.3　创建多维度招聘岗位数据集

4.3.1　任务描述

在设计和创建数据集的时候，也可将所有相关字段放到同一个数据集中，进行更全面和深入的分析，便捷执行多维度分析，也便于应用复杂的数据分析和挖掘方法来揭示数据背后的模式和趋势。

本任务将创建一个综合数据集，完成效果如图4-16所示。

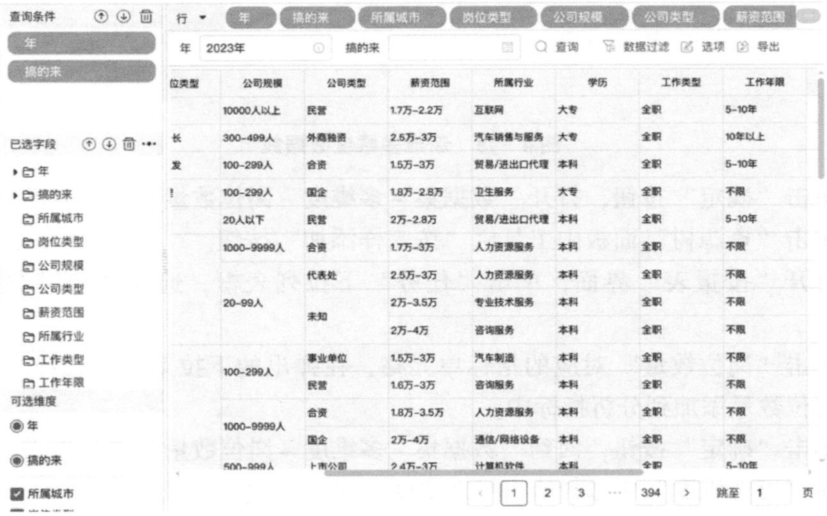

图4-16　总和数据集效果

4.3.2　任务实现

1. 新建多维度数据集

1）单击"参数配置"子菜单"数据分析"，打开主界面后选中"数据分析"下的"招聘数据分析系统"，如图 4 – 17 所示。

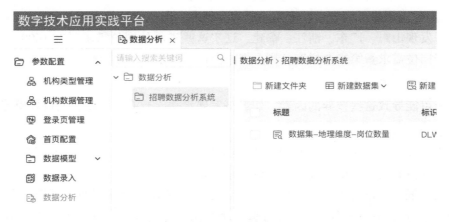

图 4 – 17　选择"招聘数据分析系统"

2）单击工具栏"新建数据集"按钮，选择"查询数据集"。

3）在"新建查询数据集"窗口，"标识"输入"DWD_GWSL"，"标题"输入"数据集 – 多维度 – 岗位数量"，如图 4 – 18 所示。

图 4 – 18　新建多维度数据集

4）单击"确定"按钮，打开"数据集 – 多维度 – 岗位数量"设计界面。

5）单击"资源树"面板中工具栏"按表样添加"按钮。

6）打开"按报表"界面，单击"任务"下拉列表框，选择"招聘数据分析任务"。

7）单击"岗位数量"对应的指标单元格，在弹出的下拉菜单中选择"添加到指标"，将岗位数量添加到分析指标中。

8）单击"确定"按钮，回到"数据集 – 多维度 – 岗位数量"设计界面。

9）在"可选维度"中选择所有可选维度，如图 4 – 19 所示。

图 4 – 19　选中所有可选维度

10）起始年份选择"2023 年"，然后单击"查询"按钮，结果如图 4 – 20 所示。

时期	名称	所属省市	岗位类型	公司规模	公司类型	薪资范围	所属行业	学历	工作类型	工作年限	岗位数量
			.NET	10000人以上	民营	1.7万-2.2万	互联网	大专	全职	5-10年	1
			4S店店长	300-499人	外商独资	2.5万-3万	汽车销售与服务	大专	全职	10年以上	1
			ARM开发	100-299人	合资	1.5万-3万	贸易/进出口代理	本科	全职	5-10年	1
			BD经理	100-299人	国企	1.8万-2.8万	卫生服务	大专	全职	不限	1
			BI	20人以下	民营	2万-2.8万	贸易/进出口代理	本科	全职	5-10年	1
			C#	1000-9999人	合资	1.7万-3万	人力资源服务	本科	全职	不限	1
				20-99人	代表处	2.5万-3万	人力资源服务	本科	全职	不限	
					未知	2万-3.5万	专业技术服务	本科	全职	不限	
						2万-4万	咨询服务	本科	全职	不限	
			C++	100-299人	事业单位	1.5万-3万	汽车制造	本科	全职	不限	
					民营	1.6万-3万	咨询服务	本科	全职	不限	
				1000-9999人	合资	1.8万-3.5万	人力资源服务	本科	全职	不限	
					国企	2万-4万	通信/网络设备	本科	全职	不限	1
				500-999人	上市公司	2.4万-3万	计算机软件	本科	全职	5-10年	1

图 4 – 20　查询多维度数据集

11）单击工具栏"保存"按钮，保存数据集查询结果。

🛜 单元小结

　　本单元主要介绍了数据分析的方法，并结合具体业务对数据分析方法进行阐释。常用的数据分析方法有描述性统计分析、多维度拆解分析法和对比分析法，每种分析法都有其相应的应用场景，通过具体的场景使用相应的分析方法。

在招聘数据分析系统中，使用多维度拆解分析法从不同维度对岗位数量进行分析，分别创建了单维度数据集和多维度数据集，并使用对比分析法对数据集中的数据查询结果进行了分析和解释。

单元考评表

考核学生的专业能力和关键能力，采用过程性评价和结果评价相结合、定性评价与定量评价相结合的考核方法，填写考核评价表。注重学生动手能力和在实践中分析、解决问题的能力的考核，对于在学习上和应用上有创新意识的学生给予特别鼓励。

考评项	考评标准	分值	自评	互评	师评
任务完成情况 （50分）	1. 完成数据分析方法的应用	10			
	2. 完成单维度数据集的创建与分析	20			
	3. 完成多维度数据集的创建	20			
任务完成效率 （10分）	2个小时之内完成可得满分	10			
表达能力 （10分）	能够清楚地表达本单元讲述的重点	10			
解决问题能力 （10分）	具有独立解决问题的能力	10			
总结能力 （10分）	能够总结本单元的重点	10			
扩展：创新能力 （10分）	具有创新意识	10			
合计		100			

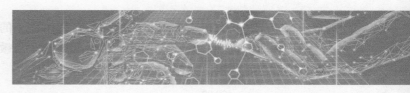

单元 5
展示为饰——招聘岗位图表展示

琪琪完成多个数据集的创建后，为实现对各种数据集的深入洞察，可以通过图表等形式直观展现数据的基本特征和隐含规律。

企业导师安排的第五项考核任务是：招聘岗位图表及可视化大屏展示。

📶 学习目标

1) 了解各种图表的应用场景
2) 学会配置多种图表
3) 学会制作可视化大屏
4) 具备设计和实现数据的可视化展示的能力

任务 5.1 制作图表

5.1.1 任务描述

在招聘分析中，需要读者使用"数字技术应用实践平台"的可视化呈现功能来实现相关图表的展示，包括城市岗位分析图、行业分析图、岗位类型分析图、公司规模分析图、学历分析图以及工作年限分析图。通过这些图表，读者可以直观地了解各个维度下的数据分布和趋势。

5.1.2 知识解析

1. 图表

图表是一种将数据以图形或视觉方式展示的方法，目的是提供对数据的直观理解、揭示数据之间的关系或趋势以及辅助数据分析和决策过程。

图表能够将复杂的数据信息转换成容易理解的视觉格式，使观察者能够快速抓住数据的关键点和模式。

（1）柱状图（图 5–1）

在展示二维数据集时（每个数据点包含两个值，即 X 和 Y），当只需要对一个维度进行比较时,柱状图是一个理想的选择。它利用柱子的高度来反映数据的差异,使得差异的呈现非常直观。由于人的肉眼对高度差异非常敏感,因此柱状图的辨识效果非常好,能够清晰地展示数据的分布和变化。

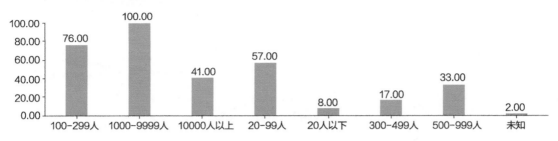

图 5 - 1　柱状图

(2) 折线图 (图 5 - 2)

折线图是一种常见的图表类型,用于展示同一数据系列中不同数据点之间的联系。折线图通过将数据点用直线连接起来,并按照一定的间隔显示数据的变化趋势,能够清晰地呈现数据的动态特征。由于折线图强调数据的时间性和变动率,因此特别适用于显示在相等时间间隔下数据的变化趋势。通过观察折线图,可以了解数据随时间变化的规律和趋势,从而更好地理解和分析数据。

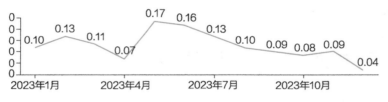

图 5 - 2　折线图

(3) 面积图 (图 5 - 3)

面积图与折线图在展示多组数据系列方面相似,但它们的表现方式有所不同。面积图通过在连线与分类轴之间填充图案,强调数据的趋势。与折线图相比,面积图不仅能够反映每个样本的变化趋势(如水果价格的变动),而且能够更全面地展示总体数据的变化趋势。因此,面积图在展示数据趋势方面更为全面和深入,能够提供更多的信息以供分析和决策。

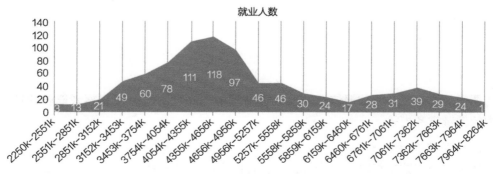

图 5 - 3　面积图

（4）饼图（图 5 – 4）

饼图是通过将数据系列中的单独数据转换为数据系列总和的百分比，并将其按照百分比绘制在一个圆形上。饼图能够清晰地展示各个部分在整体中所占的比例。数据点之间使用不同的图案进行填充，使得饼图更具可读性和视觉效果，帮助人们直观地理解部分与整体之间的关系。因此，饼图在展示部分与整体比重方面是一种有效的图表类型。

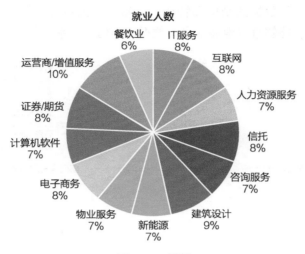

图 5 – 4　饼图

（5）XY 散点图（图 5 – 5）

XY 散点图主要用于展示两个变量之间的关系。通过在图表上标出各个数据点的位置，可以观察到它们在 X 轴和 Y 轴上的分布。这种图表可以判断两个变量之间是否存在关联关系，以及这种关系的强度。通过观察散点图的分布，可以了解数据点在坐标平面上的位置和密集程度，从而更好地理解变量之间的关系。因此，XY 散点图是一种非常有用的图表类型，能够直观地展示两个变量之间的数值关系。

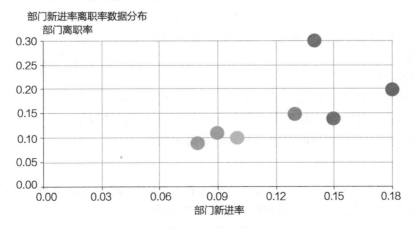

图 5 – 5　散点图

（6）雷达图（图5-6）

雷达图，也称为戴布拉图或蜘蛛网图，适用于展示多维数据（四维以上）。每个维度都可以排序。但雷达图的局限在于数据点最多只能有六个，否则难以辨别。它用于展示独立数据系列之间以及某个特定系列与其他系列的整体关系。

在雷达图中，每个分类都有自己的数值坐标轴，这些坐标轴以中心点为原点向外辐射，数据点通过折线连接。通过观察雷达图，可以了解各个分类在整体中的位置和关系，从而更好地理解数据的结构和特征。虽然雷达图在某些场合有限制，但它仍然是一种有效的工具，能够直观地展示多维数据的结构和关系。

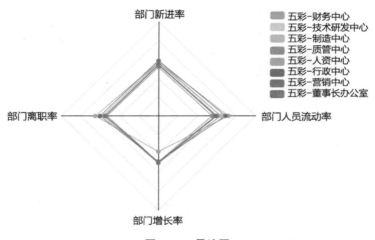

图5-6 雷达图

2. 仪表盘

仪表盘是一种交互式的数据可视化工具，用于实时展示和监控关键性能指标、数据和信息。

仪表盘将来自多个源的数据集成在一个界面上，通过图表、计数器、指示器等可视化元素，使用户能够快速、直观地理解复杂数据和趋势。仪表盘广泛应用于业务智能、项目管理、网络分析等领域，帮助决策者和管理者实时了解业务状况，做出数据驱动的决策。

仪表盘的特点如下：

1）实时性：能够提供实时数据监控，及时反映业务状况。

2）交互性：用户可以根据需要对数据进行筛选、钻取和探索。

3）定制性：根据用户需求定制展示的数据和指标。

3. 平台图表功能说明

"数字技术应用实践平台"通过"数据分析"应用中的"模板管理""模板查看"组件提供仪表盘相关功能，然后在仪表盘中添加图表。

仪表盘主界面如图5-7所示。

图5-7 仪表盘主界面

1）预览：用于在仪表盘设计过程中预览当前设计效果。

2）主题：用于设置仪表盘整体风格，平台内置两种主题"系统主题_浅色""系统主题_深色"，如图5-8所示。

3）布局：仪表盘提供"网格布局""自由布局"两种布局方式，如图5-9所示。

a）网格布局便于操作，不同可视化对象间不能相互叠加，主要适用于展示对象较少、不需要窗口重叠的仪表盘。

b）自由布局类似于PPT的绝对位置布局，可以将多个可视化对象进行层叠，实现特殊的展示效果，主要适用于大屏展示或展示对象需要重叠的仪表盘。

4）缩放：仪表盘内容随屏幕实际大小的缩放模式，包含"完全自适应"和"宽度自适应"两种，如图5-10所示。

图5-8 系统主题　　　　图5-9 布局方式　　　　图5-10 缩放模式

a）完全自适应模式下，仪表盘内窗口以及窗口中内容的宽度、高度均随分辨率大小自动进行缩放，无论屏幕分辨率、浏览器大小如何改变，仪表盘始终不会出现滚动条。

b）宽度自适应模式下，仪表盘内窗口以及窗口中内容的宽度随分辨率大小自动进行缩放，无论分辨率大小，仪表盘横向始终保持充满状态，不会出现横向滚动条，纵向正常显示滚动条。

5）设置：用于设置仪表盘图标和背景样式，如图5-11所示。

图5-11 设置仪表盘图标和背景

5.1.3　任务实现

1. 新建仪表盘

1）单击"参数配置"子菜单"数据分析"，打开"数据分析"主界面，选中"招聘数据分析系统"。

制作图表1

2）单击工具栏"新建仪表盘"，在"新建仪表盘"窗口的"标题"框输入"招聘数据分析仪表盘"，如图5-12所示。

3）单击"确定"按钮，打开"招聘数据分析仪表盘"设计界面。

2. 制作图表

图 5-12　新建"招聘数据分析仪表盘"

在招聘数据分析系统中，基于多维度数据集可以制作多个维度下招聘岗位数量的分析图表。

图表相关组件在仪表盘工具栏"组件"区域，单击"更多"按钮可以选择更多图表组件。

（1）不同省市招聘岗位数据图

制作垂直条形图对不同省市招聘岗位数量统计结果进行可视化，步骤如下：

1）单击工具栏"更多"按钮，选择"折线直方图"拖拽至仪表盘编辑区，如图5-13所示。

图 5-13　选择"折线直方图"拖拽至仪表盘编辑区

2）单击刚添加的"折线直方图"使其选中，然后在左侧"数据"面板单击"选择数据集"输入框，在下拉菜单中选择"招聘数据分析系统"下的"数据集-多维度-岗位数量"选项，如图5-14所示。

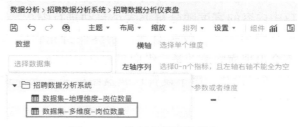

图 5-14　选择多维度数据集

3）在界面左侧"数据"面板出现"维度""度量"和"参数"三组选项。选择维度"所属省市"拖拽至图表上方的"横轴"输入框中，替换默认值"时期"，如图5-15所示。

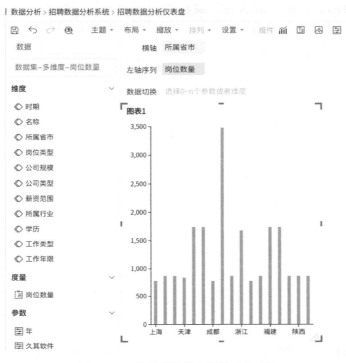

图5-15 选择折线直方图的"维度"

4）拖拽图表四角方框与四条边框可以调整合适大小（图5-15）。

5）单击图表右上角图标"✍"进入"组件设置"，单击"基本属性"，在"标题"框中输入"不同省市招聘岗位数量统计"，勾选"显示标题"，调整字体大小为"20"，如图5-16所示。

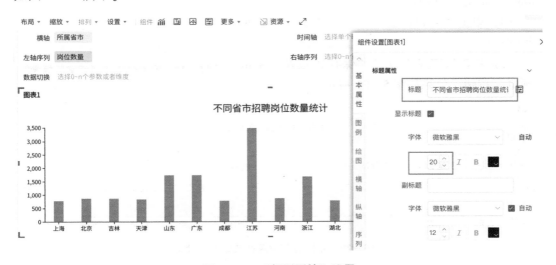

图5-16 "标题属性"设置

6）单击"横轴"，在"排序"中勾选"启用排序"，在"显示前 N 名"框中输入"10"，如图 5－17 所示。

7）单击"序列"，在"值标签"属性中勾选"显示值标签"，调整字体大小为"12"，在"序列属性"中，单击"颜色"框选择图表序列填充颜色，"类型"使用默认"直方"图，如图 5－18 所示。

图 5－17　横轴设置

图 5－18　配置"序列"属性

8）单击"组件设置"窗口右上角"×"按钮关闭该窗口。

9）单击图表右上角图标"⚙"打开"窗口设置"，单击"基本属性"，取消勾选"显示窗口标题"，如图 5－19 所示。

10）单击"窗口设置"右上角"×"按钮关闭该窗口。

11）单击仪表盘工具栏"保存"按钮，单击"预览"按钮，效果如图 5－20 所示。

图 5－19　取消勾选"显示窗口标题"

图 5－20　不同省市招聘岗位数量统计图

（2）不同行业招聘岗位数量排序图

1）单击工具栏"更多"按钮，选择"折线直方图"拖拽至仪表盘编辑区。

2）单击刚添加的"折线直方图"使其选中，然后在左侧"数据"面板单击"选择数据集"输入框，在下拉菜单中选择"招聘数据分析系统"下的"数据集－多维度－岗位数量"选项。

3）在界面左侧"数据"面板出现"维度""度量"和"参数"三组选项。选择维度"所属行业"拖拽至图表上方的"横轴"输入框中，替换默认值"时期"，结果如图 5-21 所示。

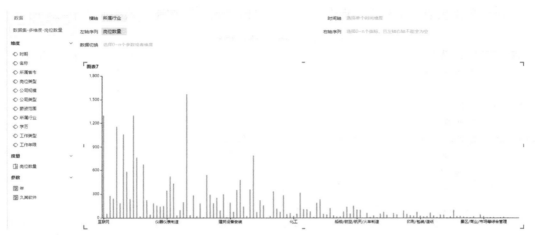

图 5-21　设置折线直方图的"维度"和度量

4）拖拽图表四角方框与四条边框可以调整合适大小。

5）单击图表右上角图标"✎"进入"组件设置"，单击"基本属性"，在"标题"框中输入"不同行业招聘岗位数量排序"，勾选"显示标题"，调整字体大小为"20"。

6）单击"绘图"，在"基本属性"的"绘图方向"中选择"水平"，如图 5-22 所示。

7）单击"横轴"，在"轴标签"调整字体大小为"15"；在"排序"中勾选"启用排序"，然后"排序方式"选择"升序"，在"显示后 N 名"框中输入"10"，如图 5-23 所示。

图 5-22　设置"绘图方向"为"水平"

图 5-23　设置"横轴"属性

8）单击"纵轴"，在"基本属性"中调整字体大小为"15"。

9）单击"序列"，在"值标签"属性中勾选"显示值标签"，调整字体大小为"15"，在"序列属性"中，单击"颜色"框选择图表序列填充颜色，"类型"使用默认"直方"图。

10）单击"组件设置"窗口右上角"×"按钮关闭该窗口。

11）单击图表右上角图标"⚙"打开"窗口设置"，单击"基本属性"，取消勾选"显示窗口标题"。

12）单击"窗口设置"右上角"×"按钮关闭该窗口。

13）单击仪表盘工具栏"保存"按钮，单击"预览"按钮，效果如图5-24所示。

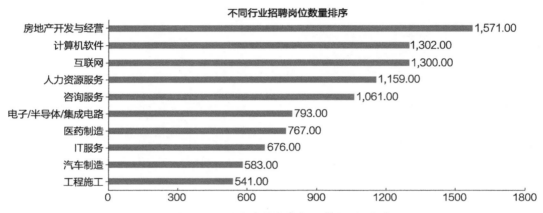

图5-24 不同行业招聘岗位数量排序图

（3）不同岗位类型招聘岗位数据图

1）单击工具栏"更多"按钮，选择"饼图"拖拽至仪表盘编辑区。

制作图表2

2）单击刚添加的"饼图"使其选中，然后在左侧"数据"面板单击"选择数据集"输入框，在下拉菜单中选择"招聘数据分析系统"下的"数据集-多维度-岗位数量"选项。

3）在界面左侧"数据"面板出现"维度""度量"和"参数"三组选项。选择维度"岗位类型"拖拽至图表上方的"扇区"输入框中，替换默认值"时期"，如图5-25所示。

4）拖拽图表四角方框与四条边框可以调整合适大小。

5）单击图表右上角图标"✎"进入"组件设置"，单击"基本属性"，在"标题"框中输入"不同岗位类型招聘岗位数量占比"，勾选"显示标题"，调整字体大小为"20"。

6）单击"扇区"，在"内环半径"修改为"0"；在"值标签"中调整字体大小为"15"；勾选"启用排序"，在"显示前N名"框中输入"10"。

7）单击"组件设置"窗口右上角"×"按钮关闭该窗口。

8）单击图表右上角图标"⚙"打开"窗口设置"，单击"基本属性"，取消勾选"显示窗口标题"。

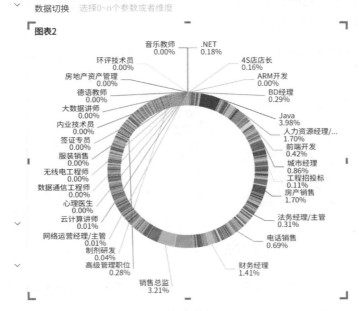

图 5-25 设置饼图

9）单击"窗口设置"右上角"×"按钮关闭该窗口。

10）单击仪表盘工具栏"保存"按钮，单击"预览"按钮，效果如图 5-26 所示。

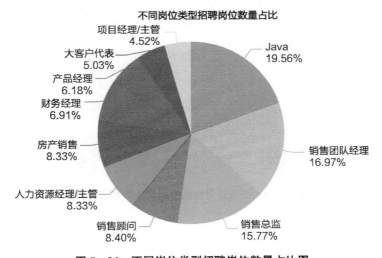

图 5-26 不同岗位类型招聘岗位数量占比图

（4）不同工作年限招聘岗位数量占比

添加饼图，对不同工作年限招聘岗位数量占比进行可视化，效果如图 5-27 所示。此图表的"组件设置"中，"扇区""排序"中勾选"启用排序"，但是因为扇区数量少，所以不需要设置"显示前 N 名"为10，使用默认值"0"即可。

（5）其他图表

按照同样方式制作"不同学历招聘岗位数量占比"饼图，也可以单击"不同工作年限招聘岗位数量占比"饼图右上角的"⬚"图标，进行图表复制，然后修改数据集与图表标题，效果如图 5 – 28 所示。

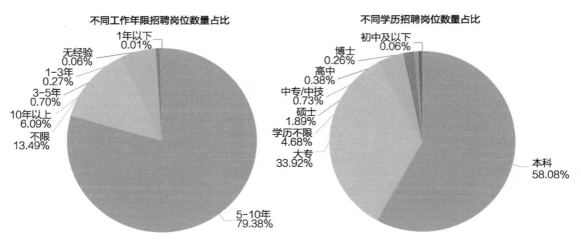

图 5 – 27　不同工作年限招聘岗位数量占比图　　　　图 5 – 28　不同学历招聘岗位数量占比图

按照同样方式制作"不同公司规模招聘岗位数量占比"饼图，如图 5 – 29 所示。

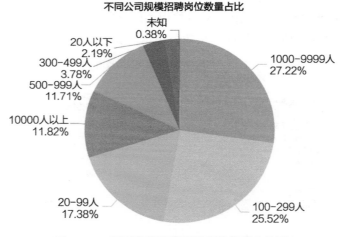

图 5 – 29　不同公司规模招聘岗位数量占比图

任务5.2　设计大屏

5.2.1　任务描述

可视化大屏是一种将复杂数据转化为图形化图像的技术，便于理解和分析数据。使用"数字技术应用实践平台"，可以快速设计和开发可视化大屏，通过简单的拖拽配置即可实现。具体效果如图 5 - 30 所示。

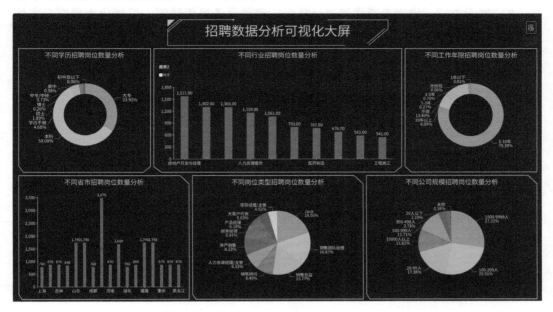

图 5 - 30 可视化大屏效果

5.2.2 知识解析

1. 可视化大屏

可视化大屏也称为数据可视化大屏或数字大屏，是一种通过大型显示屏幕展示数据可视化信息的方式。

可视化大屏通常在公共空间、会议室、控制中心等场所使用，通过图形、图表、动画等形式展现数据分析结果，目的是在较大的空间内与公众或团队共享数据洞察、趋势、业务指标等信息。

可视化大屏的特点：

1）公共展示：用于在公共场合或团队环境中展示，便于多人同时查看。

2）大尺寸显示：通过大尺寸屏幕呈现，强调视觉冲击力和信息传递的效率。

3）综合信息展现：能够展示综合性信息，包括实时数据、图表、视频、动态效果等，适用于大规模数据集的展示。

2. 可视化大屏与仪表盘的联系与区别

（1）联系

两者都是数据可视化的应用形式，旨在通过图形和视觉元素将复杂的数据信息以直观、易理解的方式呈现给用户，帮助用户快速获取数据洞察和支持决策。

无论是仪表盘还是可视化大屏，都强调了在当今数据驱动的决策过程中，清晰、有效地展示数据的重要性。

（2）区别

1）使用场景：仪表盘更多用于个人或小团队的数据监控和分析，而可视化大屏更侧重于在公共场合展示重要的数据和信息。

2）展示方式：仪表盘通常通过计算机或移动设备界面访问，可视化大屏则是实体的大型显示屏幕。

3）交互性：仪表盘具有更高的交互性，用户可以进行数据筛选、钻取等操作；而可视化大屏的交互性较低，更多侧重于信息的展示。

5.2.3 任务实现

1. 新建可视化大屏

1）单击"参数配置"子菜单"数据分析"，打开"数据分析"主界面，选中"招聘数据分析系统"。

设计大屏1

2）单击工具栏"新建仪表盘"，在"新建仪表盘"窗口的"标题"框输入"招聘数据分析大屏"，如图5-31所示。

3）单击"确定"按钮，打开"招聘数据分析大屏"设计界面。

图5-31　新建"招聘数据分析大屏"仪表盘

2. 可视化大屏设置

1）单击工具栏"主题"按钮，选择"系统主题_深色"。

2）单击工具栏"布局"按钮，在下拉的列表中选择"自由布局"，并将"宽"设置为"1920"，"高"设置为"1080"。

3）单击工具栏"设置"按钮，单击"背景色"，设置为"rgba（0, 12, 48, 1)"，单击"确定"按钮保存。

3. 大屏区域布局

区域布局是对整个大屏的内容布局进行设计和划分。招聘数据分析系统可视化大屏内容布局如图5-32所示。

图5-32　招聘数据分析系统可视化大屏内容布局

不同区域的位置和大小可以使用"图片"和"文字板块"组件作为背景的方式进行划分，相关背景图片存放在"招聘数据分析大屏背景图片"目录下，具体操作步骤如下：

（1）标题区域布局

1）单击"更多"，找到"文字板块"，将其拖拽到中间编辑区，在"组件设计"窗口中输入"招聘数据分析可视化大屏"，字体大小设置为"48px"，字体颜色设置为"#BAE2FD"，并且设置为"居中"，如图 5-33 所示。

图 5-33　编辑标题文字

2）单击"确定"按钮，关闭该窗口。

3）打开"窗口设置"，在"基本属性"中，取消勾选"显示窗口标题"，然后"背景"选择"图片"，单击其后的"上传"按钮，选择资源文件夹中的"标题.png"，"展示方式"设置为"拉伸"，如图 5-34 所示。

图 5-34　"基本属性"设置

4）滑动鼠标至最后，修改"窗口尺寸"，"宽"设置为"800"，"高"设置为"100"，"窗口位置"左设置为"560"，上设置为"20"，如图 5-35 所示。

图 5-35　设置窗口尺寸和窗口位置

5）单击右上角"×"按钮关闭该窗口。

6）单击仪表盘工具栏"保存"按钮，单击"预览"按钮，效果如图 5-36 所示。

图 5-36　可视化大屏标题区域

（2）其他区域布局

1）使用"文字板块"制作其他区域背景，组件配置见表 5 - 1。

表 5 - 1　其他区域背景设置

文字板块编辑		窗口设置			
文本	颜色/大小	窗口标题	窗口背景图片	窗口尺寸	窗口位置
不同学历招聘岗位数量分析	#BAE2FD / 24	不显示	框 4. png 拉伸展示	宽：480 高：465	左：20 上：130
不同行业招聘岗位数量分析	#BAE2FD / 24	不显示	框 7. png 拉伸展示	宽：900 高：465	左：510 上：130
不同工作年限招聘岗位数量分析	#BAE2FD / 24	不显示	框 6. png 拉伸展示	宽：480 高：465	左：1420 上：130
不同省市招聘岗位数量分析	#BAE2FD / 24	不显示	框 5. png 拉伸展示	宽：620 高：465	左：20 上：605
不同岗位类型招聘岗位数量分析	#BAE2FD / 24	不显示	框 5. png 拉伸展示	宽：620 高：465	左：650 上：605
不同公司规模招聘岗位数量分析	#BAE2FD / 24	不显示	框 5. png 拉伸展示	宽：620 高：465	左：1280 上：605

2）单击仪表盘"保存"按钮，单击"预览"按钮，查看布局效果。

4. 添加图表

1）参照 5.1 实现部分图表制作步骤，依次向图表区域添加相应图表，需要注意对比背景区域调整图表为合适大小，并设置图表窗口标题不显示，图表字体颜色设置为"#FFFFFF"。

设计大屏 2

2）单击仪表盘"保存"按钮，单击"预览"按钮，查看大屏制作效果，如图 5 - 37 所示。

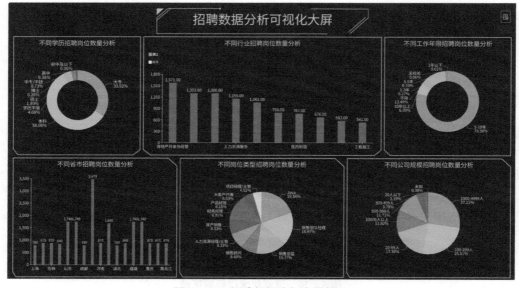

图 5 - 37　招聘数据分析大屏效果

任务 5.3　发布大屏

5.3.1　任务描述

在完成可视化大屏设计后，为了方便更多人查看和了解大屏内容，读者可以利用"数字技术应用实践平台"的可视化展示功能，轻松地将设计好的大屏对外进行展示，也能更好地传达数据分析信息，提升用户的体验和认知。

发布大屏

5.3.2　任务实现

1. 新建系统发布菜单

1）单击"数字技术应用实践平台"右上角图标"![编辑]"进入编辑模式。

2）在系统资源列表面板，单击"添加同级"按钮，在界面右侧出现节点属性设置面板，在"基本设置"的"标题"中输入"招聘数据分析系统"，如图 5-38 所示。

3）单击主界面右上角"保存"按钮，左侧资源列表如图 5-39 所示。

图 5-38　添加招聘数据分析系统节点

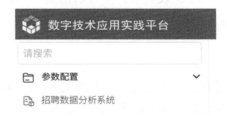

图 5-39　招聘数据分析系统发布菜单

2. 新建可视化大屏菜单

1）单击"招聘数据分析系统"使其选中，单击"添加下级"，在界面右侧出现节点属性设置面板，在"基本设置"窗口，"绑定模块"中选择"模板查看"，"标题"处修改为"招聘数据分析大屏"，"打开方式"选择"浏览器页签"菜单，如图 5-40 所示。

2）在中间"自定义配置"中，模板选择"招聘数据分析系统"下的"招聘数据分析大屏"，如图 5-41 所示。

图 5-40　招聘数据分析大屏基本设置

图 5-41　可视化大屏模板配置

3）单击"数字技术应用实践平台"编辑界面右上角"保存"按钮，然后单击"发布"按钮，再单击"退出"按钮，退出编辑模式。

4）单击系统菜单"招聘数据分析系统"子菜单"招聘数据分析大屏"查看发布的大屏。

📶 单元小结

本单元主要介绍了数据分析中常用的分析图表，包括柱状图、折线图、饼图等。其中，柱状图利用柱子的高度来反映数据的差异，使得差异的呈现非常直观；折线图特别适合用于显示在相等时间间隔下数据的变化趋势；饼图直观地理解部分与整体之间的关系。然后演示了图表制作的步骤和过程。最后，利用数据大屏将多种图表集成到页面中，更加实时、准确、直观地展示数据之间的规律，让有意义的数据特征充分"暴露"。

数据本质上表达的是事物之间的关系。在选择图表时，要清楚数据分析的目的，选用适合的分析方法，判断需要通过图表展现什么样的数据关系，选择最优的图表类型。选对了图表类型，才可以达到"一图胜千言"的效果，需要在实践中不断摸索和总结。

📶 单元考评表

考核学生的专业能力和关键能力，采用过程性评价和结果评价相结合、定性评价与定量评价相结合的考核方法，填写考核评价表。注重学生动手能力和在实践中分析、解决问题的能力的考核，对于在学习上和应用上有创新意识的学生给予特别鼓励。

考评项	考评标准	分值	自评	互评	师评
任务完成情况（50分）	1. 完成招聘数据分析图表制作	10			
	2. 完成招聘可视化大屏的建设	20			
	3. 完成招聘可视化大屏的展示	20			
任务完成效率（10分）	2个小时之内完成可得满分	10			
表达能力（10分）	能够清楚地表达本单元讲述的重点	10			
解决问题能力（10分）	具有独立解决问题的能力	10			
总结能力（10分）	能够总结本单元的重点	10			
扩展：创新能力（10分）	具有创新意识	10			
合计		100			

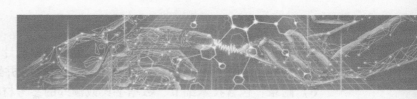

单元6
报告为王——招聘岗位分析报告

琪琪完成了可视化大屏的展示，多种维度的招聘岗位数据一一呈现。最后就是数据分析报告的撰写，对整个数据分析成果予以全面呈现。通过分析报告，把数据分析的目的、过程、结果及方案完整展现出来，形成商业洞察。

企业导师安排的最后一项考核任务是：招聘岗位分析报告编写。

🛜 学习目标

1）了解分析报告的概念和目的
2）掌握分析报告的编写方式
3）编写招聘岗位数据分析报告
4）具备编写、发布和管理招聘岗位分析报告的能力

任务6.1 撰写分析报告

6.1.1 任务描述

本次任务在数据分析报告的理论基础上，读者需完成招聘分析报告的编写。通过"数字技术应用实践平台"的分析报告功能，读者可以轻松地创建和发布一份专业、准确的分析报告，选择合适的图表、图像和表格来展示数据，并撰写简洁明了的文字说明，将分析结果以清晰、直观的方式呈现出来。

6.1.2 知识解析

数据分析报告总结和呈现数据分析的结果，是向相关方沟通发现和获取信息的关键步骤。

1. 报告结构和内容

1）概要：简明扼要地总结报告的目的、主要发现和建议。
2）背景和目的：介绍分析的背景、问题定义和项目的目标。
3）数据来源和方法：说明数据的来源、采集方法和分析工具，包括数据清洗和处

理的过程。

4）分析结果：详细展示分析的结果，包括数据统计、模型结果和数据可视化等。

5）洞察和建议：基于分析结果提炼出的关键洞察，并给出具体的建议或解决方案。

6）附录：包含技术细节、数据字典或额外的参考材料。

2. 编写和呈现技巧

撰写报告时要以实用为主，因为报告的真正目的在于解决问题、在于真正利用数据帮助企业决策和优化方案。在撰写过程中，可以搭配脑图等工具，更加全面展现出数据表达的含义。

报告编写时需要注意的关键点：

1）清晰和简洁：确保报告内容条理清晰、语言简练，避免冗余和专业术语。

2）逻辑性：按照逻辑顺序组织报告内容，确保读者易于理解和跟随。

3）强调关键信息：使用粗体或颜色突出重要数据和信息。

4）交互式元素：如果可能，使用交互式图表和仪表盘增加报告的互动性和探索性。

5）反复审阅和修改：在完成初稿后，反复审阅和修改报告，确保内容的准确性和完整性。

6）撰写数据分析报告是一个将技术分析转换为实际行动的过程。通过有效的结构、清晰的表达和有力的数据可视化，一个好的报告能够明确传达数据洞察，促进决策，并引导实际行动。

3. 平台分析报告功能

为了满足项目的分析需要，系统提供了分析报告功能，分析报告中支持通过插入指标、公式、报表、图表、快速分析表来进行综合分析，并通过变量的配置支持不同单位时期的个性化分析结果。分析结果可导出 Word 文档和 PDF 文档进行存档。

撰写分析报告

分析报告功能通过功能配置区分报告模板配置与分析报告查看，如图 6 - 1 所示。

图 6 - 1　分析报告模板配置

1）报告模板配置：菜单类型为"报告模板"。

2）分析报告查看：菜单类型为"分析报告"。

不管功能配置中配置的菜单类型是哪种类型，都可以绑定模板，模板的下拉列表中展示系统中所有的分析报告模板，绑定模板后，进入功能就只可见绑定的模板。

6.1.3　任务实现

报告内容编写在 Word 中完成，此次分析报告选择"总—分"的编写模式，从标题、前言、正文三个方面着手编写。

1. 标题

定期分析报告在周期上选择以季度为单位发布，此次报告是为分析企业招聘对人才需求的分析，因此分析报告命名为"招聘数据分析报告"。

2. 前言

前言内容是否准确，对最终报告是否能解决业务问题，能否给决策者决策提供有效依据起决定性作用。此次分析报告的前言编写如下：

随着互联网的发展，企业的招聘从传统的招聘方式过渡到了数字化、智能化阶段，越来越多招聘网站的出现，极大地简化了招聘流程，特别是近年来数字技术的发展，越来越多的求职者逐渐通过数字加技术的形式了解企业的用人需求，有针对性地磨炼技能，不断地满足企业的用人需求。

为了搞清楚企业的用人需求，搜集了各大网站的招聘数据，通过可视化的工具呈现出企业的用人需求，分别从岗位类型、工作年限、公司规模、学历等多方面、多维度地分析挖掘企业的用人需求。

其次，通过此次数据分析，为学生和老师提供一定的数据支持，使学生认识到企业的用人需求，对今后的职业规划提供一定的帮助。

3. 正文

此次分析报告的内容结构为"总—分"，所以正文开头需要有一段总结性的文字，具体内容如下：

通过分析可以看出，在企业的用人需求中，本科和大专仍然是企业用人的主力。其中本科占比58.08%、大专占比33.92%，并且从另一个角度来看，企业用人需求的标准就是大专及本科以上学历。从行业来说，电子信息、计算机、软件技术所提供的岗位信息达到42%，这3类专业仍然是热门专业；从工作年限角度分析，企业更喜欢5—10年工作经验的员工；从就业城市来看，东南沿海城市的用人需求普遍较多；从岗位类型来看，销售领域以及技术领域是各大企业需求的重点；从公司规模上说，中小微企业提供的就业岗位满足了市场80%以上的需求。

接下来便是对各个维度的重点分析：

（1）不同学历招聘岗位数量分析

学历是招聘过程中必不可少的组成部分，统计数据呈现出的饼状图如图6-2所示。

其中本科占比58.08%、大专占比33.92%，从这组数据中可看出大专和本科学历还是各大企业招聘的主力群体。在众多公司所提供的岗

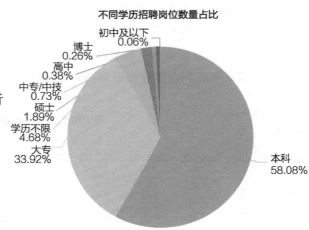

图6-2　不同学历招聘岗位数量分析

位中大专或本科也是岗位的最低学历标准，不难看出，各大企业对于人才的标准有所提升。而对于学历不限的企业需求仅有4.68%，由此可以看出，学历目前仍然是敲门砖。

（2）不同行业招聘岗位数量分析

不同行业招聘岗位数量分析如图6-3所示。

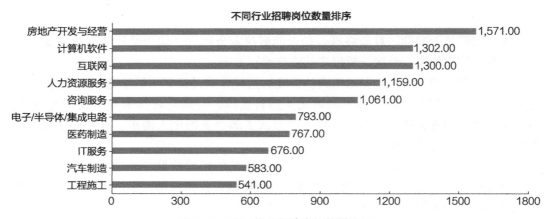

图6-3　不同行业招聘岗位数量分析

目前供给岗位最多的行业分别是房地产、计算机软件、互联网、人力资源服务以及咨询服务类行业，由此可见电子信息类和计算机类专业仍然是各大企业招聘的热点。

（3）不同工作年限招聘岗位数量分析

在企业的招聘信息中需要5—10年工作经验的占比达到79.38%，如图6-4所示。

从这组数据中能够看出，企业所需的人才要求经验丰富并且年龄有一定限制。按照年龄推算，企业对年龄在27—33岁之间的员工有更强的雇佣意愿。

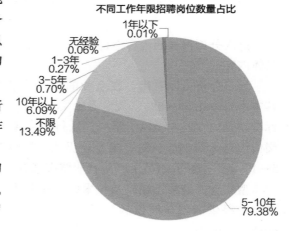

图6-4　不同工作年限招聘岗位数量分析

（4）不同省市招聘岗位数量分析

不同省市招聘岗位数量分析如图6-5所示。

图6-5　不同省市招聘岗位数量分析

从岗位所在省市分布上来看，主要的就业岗位分布在江苏、山东、广东、福建、辽宁、浙江，这几个省也是目前经济发展潜力比较大的省，其他地区的岗位分布比较平均。

（5）不同岗位类型招聘岗位数量分析

不同岗位类型招聘岗位数量分析如图6-6所示。

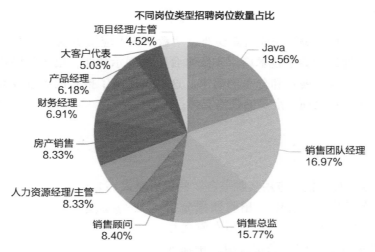

图6-6 不同岗位类型招聘岗位数量分析

在企业提供的岗位中，Java相关开发岗位占比达到19.56%，由此看出，在技术领域，Java仍然是领头羊，各大企业对于Java的需求量仍然很多，而且互联网企业所提供的技术岗数量所占的比重较大。销售岗位在所提供的岗位中占比达到49.47%，由此看出，企业都注重产品销售，产品的销售额是重中之重，投入也相应较大。

（6）不同公司规模招聘岗位数量分析

不同公司规模招聘岗位数量分析如图6-7所示。

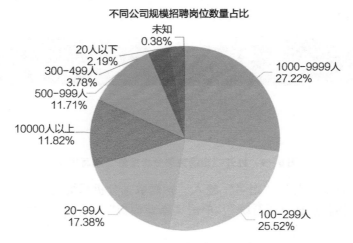

图6-7 不同公司规模招聘岗位数量分析

从招聘规模上来说100—299人占比为25.51%，20—99人占比为17.38%，500—999人占比11.71%，由此可见中小微型企业在就业领域中有着举足轻重的作用。

任务6.2　发布分析报告

发布分析报告1

6.2.1　任务描述

数据分析报告内容编写完成后需要通过"数字技术应用实践平台"对外公开发布，通过"数字技术应用实践平台"的展示功能，报告的格式和内容得以优化，能够更好地满足展示和分享的需求。这不仅提高了报告的可读性和易用性，而且为决策者提供了更全面、准确的数据支持。

6.2.2　任务实现

1. 绑定分析报告功能

1）切换至"数字技术应用实践平台"的编辑模式。

2）在左侧菜单栏中选中"招聘数据分析系统"，单击"新建下级"打开界面右侧属性面板，在"基本设置"的"绑定应用"中输入"分析报告"，"标题"输入"招聘数据分析报告"，"打开方式"选择"浏览器页签"，如图6-8所示。

绑定应用	分析报告
标题	招聘数据分析报告
打开方式	浏览器页签

3）单击"数字技术应用实践平台"右上

图6-8　数据分析报告基本设置

角的"保存"按钮，单击"发布"按钮生效数据，单击"退出"按钮退出编辑模式。

2. 编写分析报告

1）单击系统菜单"招聘数据分析系统"的子菜单"招聘数据分析报告"，在浏览器新的标签页打开分析报告编写界面，如图6-9所示。

图6-9　打开"招聘数据分析报告"编写界面

2）单击"新增分组"，"组名"输入"招聘数据分析系统"，单击"确定"按钮。

3）选中"招聘数据分析系统"，单击"新建模板"，"名称"输入"招聘数据分析报告"，单击"确定"按钮。

4）单击"招聘数据分析报告"如图6-10所示。

模板分组--招聘数据分析系统	⊕ 新增分组 ⊕ 新建模板 📄 修改属性 📄 修改模板 🗑 删除 ⬆ 上移 ⬇ 下移	
▲ 招聘数据分析系统	序号	标题
招聘数据分析报告	1	招聘数据分析报告

图 6-10 单击需要编辑的报告名称

5）在新打开的分析报告撰写窗口会提示"请先进行维度设置"，单击工具栏"设置"按钮，如图 6-11 所示。

图 6-11 提示进行维度设置

单击"＋"按钮后选择"添加单位维度"，选择"久其软件"。继续单击"＋"按钮，选择"添加时期维度"，"周期类型"为"年"，"时期范围"选择"2023 年 – 2023 年"，如图 6-12 所示。

6）设计标题，标题为"招聘数据分析报告"，将样式设置为"标题 1""宋体""一号"，并设置居中。

7）设置"前言"样式为"标题 3""宋体""二号"，并设置居中。

8）然后将 6.1.3 任务实现中编写的前言内容粘贴到当前编辑位置，样式设置为"段落""宋体""4 号"。

9）输入"正文"，样式设置为"标题 3""宋体""二号"，并设置居中。另起一行，将 6.1.3 任务实现中编写的正文内容粘贴到当前编辑位置，样式为"段落""宋体""4 号"。

10）内容编写完成后，单击工具栏"保存"按钮。

3. 展示分析报告

1）切换至"数字技术应用实践平台"的编辑模式。

2）单击菜单"招聘数据分析系统"的子菜单"招聘数据分析报告"，在右侧属性面板的"模块参数"中选择"菜单类型"为"分析报告"，"模板"选择"招聘数据分析报告"，如图 6-13 所示。

发布分析报告 2

图 6-12 设置维度

图 6-13 分析报告预览配置

3）单击"数字技术应用实践平台"编辑界面右上角"保存"按钮，单击"发布"按钮，单击"退出"按钮退出编辑模式。

4）单系统菜单"招聘数据分析系统"的子菜单"招聘数据分析报告"，在浏览器新的标签页打开发布的分析报告，如图6-14所示。

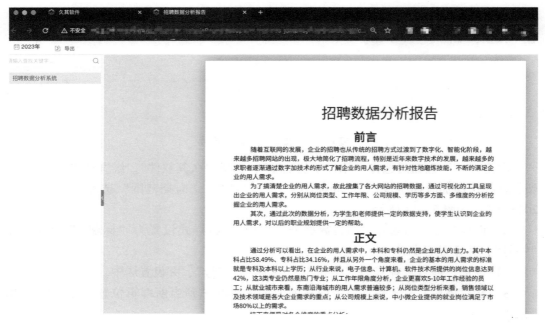

图6-14 分析报告展示效果

4. 首页绑定常用功能

1）在系统菜单"参数配置"下，单击"首页配置"，单击"招聘数据分析系统首页"操作按钮"修改首页"，如图6-15所示。

图6-15 单击修改首页

2）单击"常用功能"组件，单击"添加常用功能"右侧的"＋"按钮，在"配置常用功能"窗口，选择"招聘数据分析系统"下面的"招聘数据分析大屏"和"招聘数据分析报告"，单击"添加"按钮，添加到"我的常用功能"中，然后单击"确定"按钮，如图6-16所示。

3）单击"首页配置"右上角"保存"按钮。

图6-16 添加到常用功能

4）单击"首页配置"右上角"发布"按钮。

5. 发布首页

1）切换至"数字技术应用实践平台"的编辑模式。

2）单击菜单"招聘数据分析系统"，单击"添加下级"，在右侧"基本设置"中"绑定应用"输入"首页"，"标题"中输入"招聘数据分析系统首页"，在"模块参数"下的"首页模板"选择"招聘数据分析系统首页"，如图6-17所示。

3）单击"数字技术应用实践平台"编辑界面右上角"保存"按钮，单击"发布"按钮，单击"退出"按钮退出编辑模式。

图6-17 绑定首页模板

任务6.3 用户权限管理

6.3.1 任务描述

本任务将向读者介绍如何在"数字技术应用实践平台"中进行用户权限管理。读者将学习如何添加和配置角色和用户管理菜单，以及如何有效地进行角色管理、用户管理和授权管理。这一过程关键在于确保系统的安全性和数据的正确访问，通过合理分配和管理用户权限，确保每位用户都能访问对其工作必要的资源，同时保护敏感信息不被未授权访问。

6.3.2 知识解析

1. 角色和用户

角色是为了方便批量地管理用户。创建角色并授予该角色相关权限，用户关联角色后，用户会继承所关联角色的所有权限。

用户使用系统需要有用户信息及功能权限，才可正常登录系统并进行各项业务操作。

2. 组织机构、角色和用户的关系

组织机构是用户使用权限的目标，而用户要得到对组织机构的操作权限，一般通过为用户添加所属机构和监管机构，并在角色上设置组织机构规则，因此用户的组织机构权限由两者计算得出。

3. 平台的系统授权功能

系统通过"角色管理"和"用户管理"功能，帮助用户方便快捷地管理用户信息和用户权限。

（1）角色管理

系统内置"所有人"和"业务管理员"角色。

"所有人"角色：所有用户均会自动关联该角色，所有人角色默认没有任何权限，可以根据使用需要配置一些公用的基础权限。

"业务管理员"角色：该角色不可编辑、删除和授权。只有业务管理员用户拥有用户管理、机构类型管理、机构数据管理功能的访问权限时，可正常访问功能；普通用户拥有这些功能权限时，无法正常访问功能。用户在关联业务管理员角色后可对用户、组织机构等信息进行维护。

当系统开启三员模式时，业务管理员角色消失，曾经关联过业务管理员角色的用户不再拥有业务管理员角色的权限。

角色管理窗口左侧展示角色分组和角色信息，右侧展示选中角色分组或角色下用户信息，左侧树形的搜索框可以输入关键字进行角色过滤，右侧的搜索框可以输入关键字进行用户过滤，如图 6-18 所示。

图 6-18 角色授权管理

角色列表中"所属机构"列支持按照所属机构进行过滤（图 6-18）。

（2）用户管理

系统提供用户管理功能，便于创建维护系统的用户信息，可增删改用户信息，以及对用户进行密码修改、启用停用、解锁及重置密码等操作。用户管理页面如图 6-19 所示。

图 6-19 用户管理页面

左侧展示行政组织树形，右侧展示用户列表。左侧树形的搜索框可以输入关键字进行组织机构过滤，右侧的搜索框可以输入关键字进行用户过滤。用户列表中"状态"列支持按照全部、正常、已停用、已锁定进行过滤。

6.3.3　任务实现

1. 角色管理和用户管理系统菜单

查看本次任务功能菜单如图6－20所示。

用户权限管理

2. 角色管理

1）单击系统菜单"参数配置"子菜单"角色管理"，打开"角色管理"主界面。

2）在主界面的角色列表中根节点为"全部角色"，默认为选中状态，如图6－21所示。

图6－20　角色管理和用户管理功能菜单

图6－21　默认选中"全部角色"

3）单击工具栏"新增"按钮，在"分组名称"中输入"招聘数据分析系统"，如图6－22所示。

4）单击"确定"按钮。

5）单击工具栏"新增"按钮，在"新建角色"窗口中，"角色标识"输入"ZPSJFX"，"角色名称"输入"招聘数据分析"，如图6－23所示。

图6－22　新建角色分组　　　　**图6－23　新建角色**

6）单击"确定"按钮。

3. 用户管理

1）单击系统菜单"参数配置"子菜单"用户管理"，打开"用户管理"主界面。

2）在主界面的"行政组织"列表中选择"招聘数据分析系统"，如图 6 – 24 所示。

3）单击工具栏"新建"按钮，在"新增用户"窗口，"登录名"输入"ZPSJFXZH""用户名称"输入"招聘数据分析账号"，如图 6 – 25 所示。

图 6 – 24　选择"招聘数据分析系统"　　**图 6 – 25　"新增用户"设置**

4）单击"所属角色"，选择"招聘数据分析系统"下面的"招聘数据分析"角色，单击"确定"按钮，如图 6 – 26 所示。

5）取消选择"下次登录需要修改密码"。

6）单击"确定"按钮，然后单击"用户管理"页签的"×"按钮关闭该管理页面。

4. 授权管理

1）单击系统菜单"参数配置"

图 6 – 26　选择所属角色

子菜单"角色管理"，在角色列表中单击"招聘数据分析系统"右侧的"授权"操作按钮，如图 6 – 27 所示。

图 6 – 27　单击"授权"按钮

2）在授权设置窗口，"权限资源"中选择"功能资源"，然后选中"功能菜单"中的"招聘数据分析系统"，在系统资源中勾选"招聘数据分析大屏""招聘数据分析报告""招聘数据分析首页"的"访问"权限，如图 6 – 28 所示。

设置权限 用户：（ZPSJFXZH）招聘数据分析账号

图 6 - 28　"功能菜单"授权

3）单击"保存"按钮，单击右上角"×"关闭窗口。

4）在角色列表中，单击"招聘数据分析系统"下的"招聘数据分析"，单击工具栏"授权"按钮，如图 6 - 29 所示。

图 6 - 29　单击角色"授权"按钮

5）在"权限资源"中选择"数据分析"，单击"招聘数据分析系统"，然后在系统资源中，勾选所有资源的"访问"权限，如图 6 - 30 所示。

设置权限　角色:招聘数据分析（ZPSJFX）

图 6 - 30　选择数据分析资源"访问"权限

6）单击"保存"按钮，关闭该窗口。

7）单击界面右上角"账号"按钮，在下拉菜单中选择并单击"注销"按钮，如图 6 - 31 所示。

8）在浏览器地址栏输入"http://数字技术应用实践平台访问 IP：端口号/#/login/zpsjfxxt"，在登录窗口输入用户登录名和密码，如图 6 - 32 所示。

图 6 – 31 执行"注销"操作　　　　　　　　图 6 – 32 登录系统

9）登录成功后查看当前用户可访问的功能菜单，并可以单击访问此相关资源，如图 6 – 33 所示。

图 6 – 33 访问用户资源

单元小结

本单元主要介绍分析报告的撰写方法，一般按照总分、总分总的方式编写，由标题、目录、前言、正文、结论构成。随着招聘岗位数据分析报告的完成，（新）招聘数据分析系统建设的全部工作正式完结。

回顾数据分析系统的建设流程，创建数据模型→对数据进行收集和整理→选择合适的分析方法进行数据分析→撰写数据分析报告。数据分析是以数据为桥梁，其本质是为业务服务的，数据是过去的数据，但是业务是面向未来的业务，需要在学习中不断提炼面向未来的数据思维方式和方法。

📶 单元考评表

考核学生的专业能力和关键能力，采用过程性评价和结果评价相结合、定性评价与定量评价相结合的考核方法，填写考核评价表。注重学生动手能力和在实践中分析、解决问题的能力的考核，对于在学习上和应用上有创新意识的学生给予特别鼓励。

考评项	考评标准	分值	自评	互评	师评
任务完成情况 （50分）	1. 完成招聘分析报告的编写	20			
	2. 完成展示招聘分析报告	15			
	3. 完成用户权限管理	15			
任务完成效率 （10分）	2个小时之内完成可得满分	10			
表达能力 （10分）	能够清楚地表达本单元讲述的重点	10			
解决问题能力 （10分）	具有独立解决问题的能力	10			
总结能力 （10分）	能够总结本单元的重点	10			
扩展：创新能力 （10分）	具有创新意识	10			
合计		100			

数字技术应用

单元 7
实习就业分析系统

在企业导师的带领和指导下，琪琪终于完成了全部考核任务，进入了正式的项目阶段。

在当前快速变化的职业环境中，实习和就业趋势分析是企业 HR 部门的业务之一，HR 部门申请建设"实习就业分析系统"，帮助其理解市场需求、薪资水平以及行业发展方向等。

📶 学习目标

1）对实习就业分析系统进行基本的需求分析
2）对分析系统进行初始化
3）设计实习就业数据模型
4）创建实习就业多种数据集
5）制作实习就业数据可视化大屏
6）编写实习就业数据分析报告
7）具备从实习就业数据中提取、分析和可视化关键信息的能力

任务 7.1　需求分析

7.1.1　任务描述

通过详细的需求分析，可以为数据分析项目夯实基础。在实际工作环境中，了解和定义项目的具体需求是成功完成数据分析任务的第一步。对于实习就业分析系统而言，需求分析要设定想实现的目标，识别相关的数据源，以及确定数据处理和分析的方法。

本次任务通过实际案例展示如何根据实际场景进行需求分析。

7.1.2　任务实现

需求分析包括收集需求、分析需求和明确需求三个部分。

1. 收集需求

需求的来源一般有以下渠道：

需求分析

- 公司内部
- 用户反馈
- 用户调研
- 竞品分析
- 头脑风暴

2. 分析需求

分析需求就是分析系统要干什么，将需求目标细化到可测量的维度上，可使用5W2H分析方法，该方法简单、方便，易于理解和使用，富有启发意义。5W2H分析方法广泛应用于企业管理和技术活动中，对于决策和执行性的活动措施非常有帮助，有助于弥补疏漏。

5W2H 代表：Who（谁）、What（什么）、When（何时）、Where（何地）、Why（为什么）、How（如何）、How much（多少）。

5W2H 分析方法在使用时结合实际需求，围绕每个单词设定问题，对问题进行分析，每个问题的答案都会触发下一个问题，见表 7-1。

表 7-1　5W2H 分析方法

单词	可以设定的问题
What	需要的功能是什么
Why	为什么要有这个功能
Where	在哪个模块使用
When	用户在什么时候使用
Who	功能的用户是谁
How	怎么使用
How much	使用频次如何、投入产出如何

结合实习就业业务场景，将以上问题整合后依次回答。

（1）需求发生的业务场景是什么？这些业务活动是为了实现什么目的？

实习就业分析系统需要分析不同专业毕业生的实习和就业情况，帮助就业者和企业理解市场需求、薪资水平以及行业发展方向。

数据分析不仅是一种思维，也是一门艺术，需要不断深入挖掘，从而提取数据所包含的信息与价值。

那么，在实习就业信息提取过程中，应该采用什么模型和分析维度？应该使用哪些分析指标？

1）实习就业数据分析指标

a）就业率：衡量特定毕业生群体在一定时间内找到工作的比例。

b）薪资水平：分析不同行业、地区、职位级别的薪资分布。

c）行业分布：毕业生分布在不同行业的比例，可以揭示哪些行业对毕业生有更高的需求。

d）岗位类型：分析毕业生就业的岗位类型，了解市场对不同技能和专业的需求。

e）地区分布：毕业生就业的地理分布，反映不同地区的就业机会。

f) 其他毕业生就业时间、满意度评分等。

2）实习就业数据分析模型

在实习就业分析系统中主要采用描述性统计模型描述就业数据的基本特征。

（2）需求与哪些系统或模块相关？它们的运行逻辑是什么？

基于"数字技术应用实践平台"构建的实习就业分析系统包含如下模块：

- 组织机构
- 数据方案
- 数据表样
- 数据录入
- 数据集
- 数据可视化
- 数据分析报告
- 首页和登录页管理
- 授权管理

系统模块之间的运行逻辑如图 7 - 1 所示。

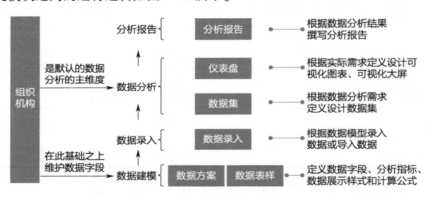

图 7 - 1　系统模块之间的运行逻辑

（3）需求可能有哪些用户会用到？会对他们产生哪些影响？

实习就业分析系统面向多个用户群体，每个群体根据自身需求利用数据分析的结果作为决策的参考。

以下是主要的用户群体及其可能受到的影响：

1）机构（高校、职业学院）

教育机构可以利用就业数据分析来评估和调整课程设置，以更好地满足市场需求。

2）学生和毕业生

学生和毕业生可以通过就业数据分析了解不同专业、不同地区的就业情况和薪资水平，帮助他们做出更加明智的专业选择和职业规划。此外，了解行业趋势和技能需求可以促使学生提前准备，增加必要的技能培训，提高就业成功率。

3）企业和雇主

企业和雇主可以通过就业数据分析了解最新的毕业生就业趋势和技能需求，帮助他们制定更有效的招聘策略，吸引和留住人才。此外，对行业薪资水平的了解也有助于企业在薪酬设置上保持竞争力，从而吸引优秀毕业生。

4) 研究人员和分析师

研究人员和分析师利用就业数据进行学术研究和市场分析，探析教育与就业之间的联系，预测未来的就业趋势，为社会和经济发展提供洞察。

3. 明确需求

通过分析需求对系统的业务模块、面向人群有了基本的认知，接下来要进一步明确系统的需求目标。

对于实习就业数据分析系统，目标包括：

- 基于样本计算就业率、平均薪资以及最高最低薪资；
- 分析不同行业的就业人数与平均就业薪资；
- 分析主要就业岗位的就业人数与平均就业薪资；
- 分析不同地理区域的就业人数与平均就业薪资；
- 分析不同薪资范围的就业人数。

对于实习就业分析系统，需求分析结果见表 7-2。

表 7-2　需求分析结果

项目基本信息		
项目名称	实习就业分析系统	
输入数据	已就业数据（姓名、性别、就业地理区域、薪资范围、从事行业、月薪、岗位类型）、未就业数据（姓名、性别）	
输出结果	数据分析结果、可视化大屏、分析报告	
需求类别	**需求描述**	**备注**
项目目标	实习就业分析系统需要通过分析不同专业毕业生的实习和就业情况，帮助就业者和企业理解市场需求、薪资水平以及行业发展方向	明确项目的核心目标
背景原因	帮助学生了解就业市场，提升就业率；高校能够针对就业情况调整教学计划；企业获取潜在人才信息	解释项目存在的必要性
目标用户	学生、高校就业指导中心、企业 HR	用户角色
使用环境	数字技术应用实践平台	系统访问性
系统模块	基于数字技术应用实践平台构建的实习就业分析系统包含如下模块：组织机构、数据方案、数据表样、数据录入、数据集、数据可视化、数据分析报告、首页和登录页管理、授权管理	系统功能
实现方式	基于数字技术应用实践平台开发一个数据分析系统，集成数据收集、处理、分析和展示的功能	技术实现方案
需求目标	基于样本计算就业率、平均薪资以及最高最低薪资；分析不同行业的就业人数与平均就业薪资；分析主要就业岗位的就业人数与平均就业薪资；分析不同地理区域的就业人数与平均就业薪资；分析不同薪资范围的就业人数	明确分析指标

任务 7.2　初始化系统

7.2.1　任务描述

在完成需求分析后需要对系统框架进行设计，实习就业分析系统的框架基于"数字技术应用实践平台"的"参数配置"系统菜单进行搭建。

本次任务完成系统初始化操作，具体来说，在实习就业分析系统中，系统初始化的作用包括组织机构数据的初始化、登录页和首页配置。

本次任务完成登录页配置效果如图 7 - 2 所示，首页配置效果如图 7 - 3 所示。

图 7 - 2　登录页配置效果

图 7 - 3　首页配置效果

7.2.2　任务实现

登录"数字技术应用实践平台"，查看与本次任务相关的系统菜单，如图 7 - 4 所示。

初始化系统 1

1. 创建组织机构类型

1）单击系统菜单"参数配置"，单击子菜单"机构类型管理"，单击"新建类型"按钮。

2）"标识"的默认文本为"MD_ORG_"，在后追加"久其软件"的简拼大写字母"JQRJ"，"名称"输入"久其软件"，如图 7 - 5 所示。

图 7 - 4　组织机构任务菜单

图 7 – 5　填写组织机构类型信息

3）单击"确定"按钮。

2. 创建组织机构数据

1）单击系统菜单"参数配置"，单击子菜单"机构数据管理"，主界面默认选中"行政组织"，单击"新建下级"按钮。

2）在新建页面中，"机构代码"输入"70001"，"机构名称"输入"实习就业分析系统"，"机构简称"默认与机构名称相同，可根据实际需要进行修改，如图 7 – 6所示。

图 7 – 6　填写组织机构数据信息

3）单击工具栏"保存"按钮。

4）查看已创建的组织机构数据，如图 7 – 7 所示。

图 7 – 7　已创建组织机构数据

5）关联组织机构类型。

a）在"机构数据管理"界面，单击"行政组织"下拉列表框，选择"久其软件"，如图7-8所示。

b）单击工具栏"关联创建"按钮，选择要关联的实体机构数据"70001 实习就业分析系统"，注意勾选所有下级选项，如图7-9所示。

图7-8　选择要管理的组织机构类型

图7-9　创建组织机构关联

c）单击"确认"按钮。

6）查看组织机构关联结果，如图7-10所示。

图7-10　组织机构关联结果

3. 登录页管理

1）单击系统菜单"参数配置"，单击子菜单"登录页管理"，在新打开的"登录页管理"界面，已存在一个默认登录页，可以对其执行编辑和导出操作。

2）单击"登录页管理"界面右上角的"新增登录页"按钮，如图7-11所示。

3）在"全局设置"界面，"标题属性"下"名称"文本框输入"实习就业分析系统登录页"，路径输入系统名称简拼小写字母"sxjyfxxt"（注意只能输入小写字母和数字）。

4）在"门户主题"配置项中，可以看到平台内置的几个登录页主题，选择其中一个进行配置，比如选择"主题2"并单击，打开主题2登录页。

图7-11 单击"新增登录页"按钮

5）单击主题2登录窗体，可以对其进行配置，如图7-12所示。

图7-12 单击登录窗体

6）在右侧登录窗体配置选项中，"整体设置"可以设置窗体整体宽度、窗体上方区域高度、窗体填充类型、是否显示logo、登录区域高度以及标题样式。"密码登录设置"可以配置是否"显示记住账号"以及提供"忘记密码"的相关操作，可以设置登录按钮的颜色。

a）取消选择"显示上方区域"和"显示logo"，如图7-13所示。

b）选择"显示标题"，"标题名称"修改为"实习就业分析系统登录"，"文字颜色"设置为"#A20404"，"文字大小"设置为"20px"，如图7-14所示。

图7-13 取消选择"显示上方区域"和"显示logo" **图7-14 设置登录窗体标题**

c）登录"按钮颜色"设置为"#A20404"，如图7−15所示。

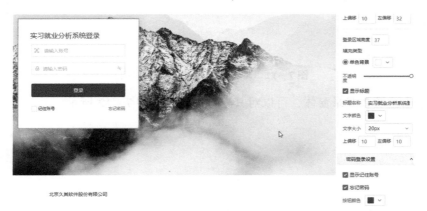

北京久其软件股份有限公司

图7−15 登录按钮颜色设置

d）单击"登录页管理"界面右上角"保存"按钮，如图7−16所示。

e）单击"登录页管理"界面右上角"发布"按钮。

f）单击"登录页管理"界面右上角"退出"按钮。

g）在浏览器地址栏输入"http：//数字技术应用实践平台域名/#/login/sxjyfxxt"或者"http：//数字技术应用实践平台IP：端口号/#/login/sxjyfxxt"，按〈Enter〉键后即可访问"实习就业分析系统登录"页，如图7−17所示。

图7−16 保存登录页配置

图7−17 访问登录页

4. 首页配置

1）单击系统菜单"参数配置"，单击子菜单"首页配置"，在新打开的"首页配置"界面，单击右上角的"添加首页"按钮，如图7−18所示。

初始化系统2

图7−18 单击"添加首页"按钮

2）在新打开界面右侧有"设置全局属性"面板，可以设置首页名称、主题、布局、页面设置等，在"首页名称"文本框中输入"实习就业分析系统首页"，如图 7 – 19 所示。

3）在"样式设置"配置项中，设置首页背景颜色为"rgb（20，25，41）"，然后单击"确定"按钮，如图 7 – 20 所示。

图 7 – 19　设置"首页名称"　　　　图 7 – 20　设置首页背景颜色

4）在首页设计区域，上方是可以拖拽到首页的组件，其中"图片轮播"组件用于展示系统广告内容，"常用功能"组件用于添加系统频繁使用的功能，"访问量"组件用于展示系统访问流量，在实习就业分析系统首页需要使用这三个组件。

在页面展示区域，默认添加了轮播图片组件，如图 7 – 21 所示。

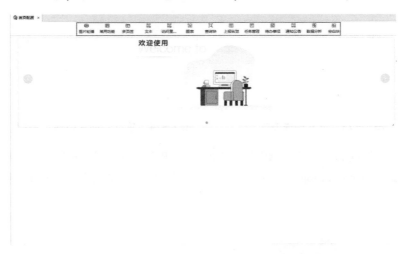

图 7 – 21　轮播图片组件

5）关闭首页"图片轮播"组件下面的"任务列表"组件。

6）拖拽"常用功能"组件至左下方，拖拽"访问量"组件至右下方，调整组件位置和大小，如图 7 – 22 所示。

7）单击"图片轮播"组件，设置其属性。

a）在"轮播方式"中使用默认选项"逐张轮播"，如图 7 – 23 所示。

b）在"轮播图片设置"中，单击"图片编辑"按钮，如图 7 – 24 所示。

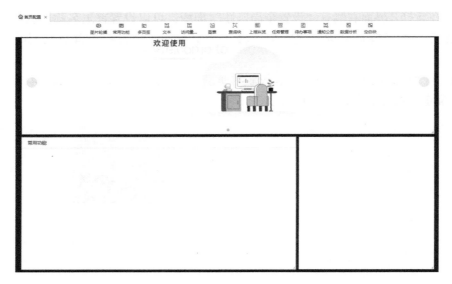

图7-22 首页布局

图7-23 设置轮播方式 **图7-24 单击"图片编辑"按钮**

c）在"图片编辑"窗口，删除默认图片，单击"＋"按钮上传提供的首页图片"banner1. jpg""banner2. jpg""banner3. jpg"，然后单击"确定"按钮，如图7-25所示。

图7-25 上传图片

d）在"块区域设置"中找到"块背景色"，设置为"rgb（20，25，41）"，单击"确定"按钮。

8）单击"常用功能"组件，设置其属性。

a）在"内容属性"设置中，取消选择"显示标题区域"，效果如图 7－26 所示。

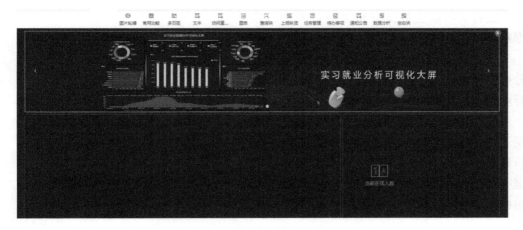

图 7－26　取消选择"显示标题区域"

b）在块区域设置下，设置"块背景色"为"rgb（20，25，41）"，"主要字体"和"描述字体"选择"白色"，单击"确定"按钮，如图 7－27 所示。

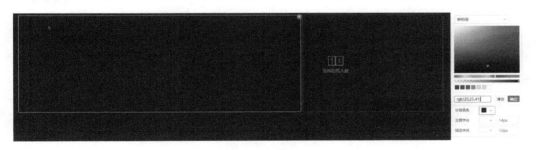

图 7－27　设置颜色

在后续任务完成相关功能发布后，可以通过"添加常用功能"与该组件进行绑定，如图 7－28 所示。

9）单击"访问量"组件，在右侧属性面板中找到"块区域设置"，单击"块背景色"设置为"rgb（20，25，41）"，"主要字体"和"描述字体"设置为白色。

10）单击"首页配置"右上角"预览"按钮，预览首页。

11）单击"首页配置"右上角"保存"按钮。

12）单击"首页配置"右上角"发布"按钮。

设置区域属性

内容属性

☐ 显示标题区域

标题名称　　常用功能

单行显示功能数　　4

☑ 显示文字

选择跳转页面

新标签　　⌄

添加常用功能 🖑

图 7－28　常用功能绑定

任务 7.3　创建数据方案

7.3.1　任务描述

进行实习就业数据分析之前需要进行数据建模，此步骤是整个分析过程的基础。

实习就业分析系统数据模型用于管理和分析与实习就业相关的数据，比如就业率、行业分布、薪资水平等关键指标。

数据方案是数据填报的基础结构，它定义了数据如何被组织和存储。在实习就业分析系统中，通过数据方案来定义"已就业数据明细""未就业数据明细""就业人数分析指标"和"就业薪资分析指标"，如图 7 – 29 所示。

图 7 – 29　实习就业数据方案

7.3.2　任务实现

登录"数字技术应用实践平台"，查看与本次任务相关的系统菜单，如图 7 – 30 所示。

创建数据方案

1. 新增数据方案分组

1）单击系统菜单"参数配置"，单击子菜单"数据模型"下的"数据建模"。

2）在打开窗口中"全部数据方案"为默认选中状态，单击工具栏"新增分组"按钮，"名称"输入"实习就业分析系统"，如图 7 – 31 所示。

图 7 – 30　系统菜单

图 7 – 31　新增数据方案分组

3）单击"确定"按钮。

2. 新增数据方案

1）选中"实习就业分析系统"，单击工具栏"新增数据方案"按钮，"名称"输入

"实习就业分析系统数据方案","标识"框中输入名称简拼大写字母"SXJYFXXTSJFA",
"主维度"选择组织机构下的"久其软件","时期"选择"年",如图7-32所示。

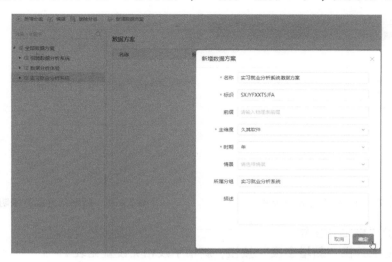

图7-32 新增实习就业分析系统数据方案

2）单击"确定"按钮。

3.设计已就业数据明细表

已就业数据明细表包含的字段如图7-33所示。

			维度字段						度量字段	
姓名	性别	就业状态	就业省份	就业城市	薪资范围	从事行业	岗位类型	月薪	就业人数

图7-33 已就业明细表包含的字段

基于该表可进行如下数据分析：

1）不同地理区域的就业人数和就业薪资。

维度字段：就业省份、就业城市。

度量字段：就业人数、平均月薪。

2）不同行业的就业人数和就业薪资。

维度字段：从事行业。

度量字段：就业人数、平均月薪。

3）主要就业岗位的就业人数和就业薪资。

维度字段：岗位类型。

度量字段：就业人数、平均月薪。

创建已就业数据明细表具体步骤如下：

1）单击"实习就业分析系统数据方案"的"设计"操作按钮打开设计界面，如图7-34所示。

2）单击工具栏"新增"按钮，选择"新增明细表"，在"新增明细表"窗口中

115

"名称"输入"已就业数据明细","标识"输入名称简拼大写字母"YJYSJMX",其他信息默认不修改,如图7-35所示。

图7-34 数据方案设计界面

图7-35 新增已就业数据明细表

3) 单击"确定"按钮。

4) 单击工具栏"新增字段"按钮,新增字段相关设置见表7-3。

表7-3 已就业数据明细表字段

名称	代码	数据类型	长度/精度	小数位	可为空	默认值	汇总方式
姓名	XM	字符	150		否		不汇总
性别	XB	字符	150		否		不汇总
就业状态	JYZT	字符	150		否		不汇总
就业省份	JYSF	字符	150		否		不汇总
就业城市	JYCS	字符	150		否		不汇总
薪资范围	XZFW	字符	150		否		不汇总
从事行业	CSHY	字符	150		否		不汇总
岗位类型	GWLX	字符	150		否		不汇总
月薪	YX	数值	20	2	是		不汇总
就业人数	JYRS	整数	10		是	1	不汇总

5) 单击工具栏"维度管理"按钮,全选所有非数值型字段为"表内维度"。

6) 单击工具栏"发布"按钮,发布当前数据明细表。

4. 设计未就业数据明细表

未就业数据明细表包含的字段如图7-36所示。

进行就业人数相关分析时需要使用此表的"未就业人数"字段参与运算。

图7-36 未就业明细表包含的字段

创建未就业数据明细表具体步骤如下:

1) 新增未就业数据明细表,"名称"输入"未就业数据明细","标识"输入"WJYSJMX",然后单击"确定"按钮,如图7-37所示。

图 7 – 37 新增未就业数据明细表

2）未就业数据明细表新增字段设置见表 7 – 4。

表 7 – 4 未就业数据明细表新增字段

名称	代码	数据类型	长度/精度	小数位	可为空	默认值	汇总方式
姓名	XM	字符	150		否		不汇总
性别	XB	字符	150		否		不汇总
未就业人数	WJYRS	整数	10		是	1	不汇总

3）单击工具栏"维度管理"，全选所有非数值型字段为"表内维度"。

4）单击工具栏"发布"按钮，发布当前数据明细表。

5. 设计就业人数分析指标表

在就业人数分析指标表中添加指标包含：

（1）就业率

度量字段：就业人数、未就业人数。

（2）已就业人数

度量字段：就业人数。

（3）未就业人数

度量字段：未就业人数。

具体操作步骤如下：

1）新增就业人数分析指标表，"名称"输入"就业人数分析指标"，"标识"输入"JYRSFXZB"，然后单击"确定"按钮，如图 7 – 38 所示。

图 7 – 38 新增就业人数分析指标表

2）新增分析指标

单击菜单栏的"新增指标"，"名称"输入"就业率"，"标识"输入"JYL"，"数据类型"输入"数值"，"精度"输入"20"，"小数位"输入"2"，"汇总方式"选择"不汇总"，单击"确定"按钮，如图 7 – 39 所示。

编辑指标   ✕

* 名称	就业率		* 标识	JYL	
* 数据类型	数值	∨	* 精度	20	* 小数位 2
允许为空	☑		默认值	请输入默认值	
* 汇总方式	不汇总	∨	量纲	不设置量纲 ∨	
描述					

高级属性

显示格式　数据校验

| 显示格式 | 常规 | ∨ |

取消　　确定

图 7 – 39　编辑指标

继续新增指标，设置见表 7 – 5。

表 7 – 5　就业人数分析指标

名称	代码	数据类型	长度/精度	小数位	可为空	计量类别	汇总方式
已就业人数	JYRS	整数	10		是	不设置量纲	不汇总
未就业人数	WJYRS	整数	10		是	不设置量纲	不汇总

3）单击工具栏"发布"按钮，发布当前分析指标表。

6. 设计就业薪资分析指标表

就业薪资分析指标包含平均薪资、最高薪资和最低薪资，通过已就业数据明细表中的"月薪"字段进行度量。

具体操作步骤如下：

1）新增就业薪资分析指标表，"名称"输入"就业薪资分析指标"，"标识"输入"JYXZFXZB"，然后单击"确定"按钮，如图 7 –40 所示。

2）新增指标，设置见表 7 – 6。

图 7 – 40　新增就业薪资分析指标表

表 7-6　就业薪资分析指标

名称	代码	数据类型	长度/精度	小数位	可为空	计量类别	汇总方式
平均薪资	PJXZ	数值	20	2	是	金额	不汇总
最高薪资	ZGXZ	数值	20	2	是	金额	不汇总
最低薪资	ZDXZ	数值	20	2	是	金额	不汇总

3）单击工具栏"发布"按钮，发布当前分析指标表。

任务 7.4　制作数据表样

7.4.1　任务描述

数据表样基于数据方案来设计，它决定了数据如何展示，包括数据展示的样式、指标映射和计算公式的定义。

在实习就业分析系统中，表样设计包含已就业数据和未就业数据的展示和指标映射、就业人数指标计算公式和就业薪资指标计算公式的定义。

数据表样设计效果如图 7-41 所示。

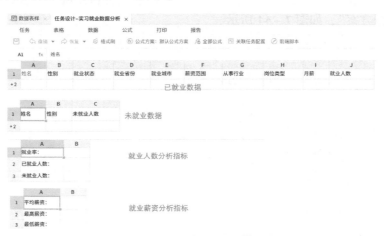

图 7-41　实习就业数据表样

7.4.2　任务实现

登录"数字技术应用实践平台"，查看与本次任务相关的系统菜单，如图 7-42 所示。

1. 新增数据表样分组

1）单击系统菜单"参数配置"，单击子菜单"数据模型"下的"数据表样"。

2）在打开窗口中"全部任务"为默认选中状态，单击"新增分组"，"名称"输入"实习就业分析系统"，如图 7-43 所示。

创建数据表样 1

📁 参数配置　　　　∧
　　👥 机构类型管理
　　👥 机构数据管理
　　💬 登录页管理
　　🏠 首页配置
📁 数据模型　　　　∧
　　🗒 数据建模
　　🗒 数据表样

图 7-42　创建数据
表样任务菜单

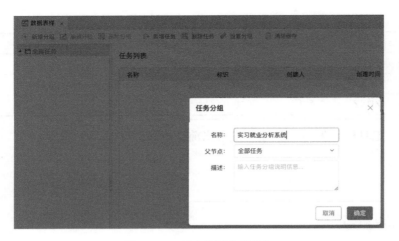

图7-43 新建数据表样分组

3）单击"确定"按钮。

2. 新增任务

1）选中"实习就业分析系统"，单击工具栏"新增任务"按钮，在"创建任务"窗口，单击"数据方案"下拉列表框，选择"实习就业分析系统"下面的"实习就业分析系统数据方案"，如图7-44所示。

图7-44 新增任务

2）单击"确定"按钮。

3. 设计已就业数据表样

1）在任务设计窗口找到右侧"任务属性"面板，"任务名称"修改为"实习就业数据分析"，单击工具栏"保存"按钮。

2）右击"工作表1"页签，选择"报表属性"，"报表名称"修改为"已就业数据"。

3）添加报表表头"姓名""性别""就业状态""就业省份""就业城市""薪资范围""从事行业""岗位类型""月薪""就业人数"，如图7-45所示。

图7-45 已就业数据报表

4）设置第2行为浮动行。

5）选择第2行，右击单元格选择"指标映射"，选择"已就业数据明细"表中相应字段逐一进行映射，如图7-46所示。

图7-46 已就业分析指标映射

6）删除多余行和列，然后单击工具栏"保存"按钮。

4. 设计未就业数据表样

1）单击页签旁的按钮"新建报表"，如图7-47所示。

2）修改"报表名称"为"未就业数据"。

3）添加报表表头"姓名""性别""未就业人数"。

4）设置第2行为浮动行。

5）选择第2行，右击单元格选择"指标映射"，选择"未就业数据明细"表进行指标映射，如图7-48所示。

6）删除多余行和列，单击工具栏"保存"按钮。

图7-47 新建"未就业数据"报表

5. 设计就业人数指标报表

1）单击页签旁的按钮"新建报表"，修改"报表名称"为"就业人数指标"。

2）在A列添加列表头"就业率：""已就业人数：""未就业人数："，在B列与"就业人数分析指标"表相应指标字段进行映射，如图7-49所示。

创建数据表样2

图 7 – 48　未就业分析指标映射

图 7 – 49　设计就业人数指标报表列表头和指标映射

3) 删除多余行和列后单击工具栏"保存"按钮。

4) 定义就业人数指标计算公式。

a) 选择窗口上方"公式"面板, 单击工具栏"全部公式"按钮, 打开当前报表的公式编辑界面, 如图 7 – 50 所示。

图 7 – 50　打开报表公式编辑界面

b) 单击第 1 个公式对应的"编辑"按钮, 如图 7 – 51 所示。

c) 打开"公式编辑器"界面后, 首先选择"指标代码", 然后单击"就业率"对应的指标单元格, 单元格的指标代码会自动填充到"当前公式"的输入框, 如图 7 – 52 所示。

图 7 - 51 单击公式"编辑"按钮

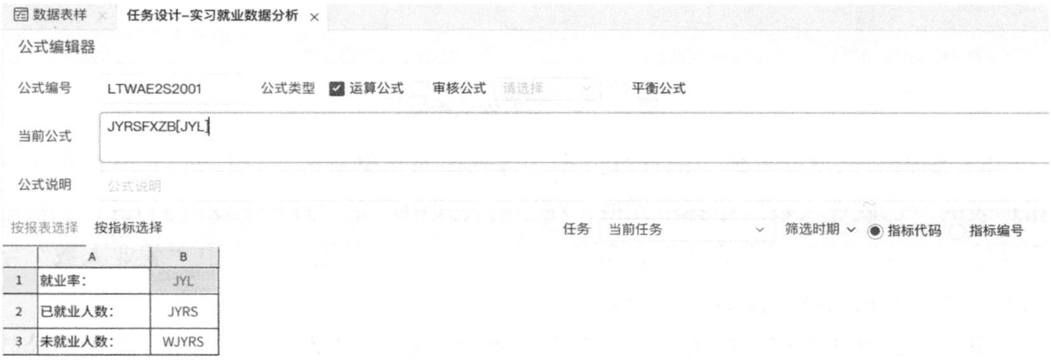

图 7 - 52 就业率公式编辑

d) 当前公式中继续手动输入"="号。

e) 当前公式中需要继续编辑就业率的计算公式,已知就业率公式为:

$$\frac{已就业人数总和}{(已就业人数总和 + 未就业人数总和)}$$

"已就业人数总和"取值本指标表中"已就业人数"指标字段值,"未就业人数总和"取值本指标表中"未就业人数"指标字段值。

单击"已就业人数"指标单元格,在当前公式的"="号后面自动填充就业人数指标代码"JYRSFXZB[JYRS]",然后手动输入除号"/",接着在分母的位置输入英文状态小括号"()",在小括号中填充"JYRSFXZB[JYRS] + JYRSFXZB[WJYRS]"。

f) 最终就业率公式为:

JYRSFXZB[JYL] = JYRSFXZB[JYRS]/(JYRSFXZB[JYRS] + JYRSFXZB[WJYRS])

g) 单击公式说明右侧的"生成"按钮,生成公式说明,如图 7 - 53 所示。

图 7 - 53 生成就业率公式说明

h）单击"公式编辑器"界面右上角"确定"按钮。

5）定义已就业人数计算公式。

a）单击"＋"按钮，新增公式编辑行，如图7-54所示。

图7-54　新增公式编辑行

b）编辑"已就业人数"的计算公式：首先选择并单击"指标代码"；然后单击本指标表的"已就业人数"指标单元格，在当前公式中填充"JYRSFXZB[JYRS]"，然后手动输入"＝"。"已就业人数"的数据来源为"已就业数据"报表中"就业人数"字段的总和，公式编辑过程如图7-55所示：

单击"已就业数据"报表页签。单击"就业人数"对应指标单元格，在当前公式的"＝"号后面自动填充就业人数指标代码"YJYSJMX[JYRS]"。在YJYSJMX[JYRS]中括号内字段代码"JYRS"后面输入"，SUM"（注意前面的英文逗号不要漏掉）。

图7-55图示内容：

公式编辑器

公式编号　LTWAE2S2002　公式类型 ☑运算公式　审核公式 请选择　平衡公式

当前公式　JYRSFXZB[JYRS]=YJYSJMX[JYRS]

公式说明　公式说明

按报表选择　按指标选择　任务 当前任务　筛选时期 ● 指标代码　指标编号

	A	B	C	D	E	F	G	H	I	J
1	姓名	性别	就业状态	就业省份	就业城市	薪资范围	从事行业	岗位类型	月薪	就业人数
+2	XM	XB	JYZT	JYSF	JYCS	XZFW	CSHY	GWLX	YX	JYRS

图7-55　已就业人数公式编辑

c）最终已就业人数公式为：

$$JYRSFXZB[JYRS] = YJYSJMX[JYRS, SUM]$$

d）单击公式说明右侧的"生成"按钮，生成公式说明。

e）单击"公式编辑器"界面右上角"确定"按钮。

6）定义未就业人数计算公式。

a）单击"＋"按钮，新增公式编辑行。

b）编辑"未就业人数"的计算公式。

首先单击本指标表的"未就业人数"指标单元格，在当前公式中填充"JYRSFXZB[WJYRS]"，然后手动输入"＝"。"未就业人数"的数据来源为"未就业数据"报表中"未就业人数"字段的总和。

公式编辑过程：单击"未就业数据"报表页签。单击"未就业人数"对应指标单元格，在当前公式的"="号后面自动填充未就业人数指标代码 WJYSJMX[WJYRS]。在 WJYSJMX[WJYRS] 中括号内字段代码"WJYRS"后面输入", SUM"（注意前面的英文逗号不要漏掉）。

c）最终未就业人数公式为：

$$JYRSFXZB[WJYRS] = WJYSJMX[WJYRS, SUM]$$

d）单击公式说明右侧的"生成"按钮，生成公式说明。

e）单击"公式编辑器"界面右上角"确定"按钮。

7）就业人数指标报表包含的计算公式如图 7-56 所示。

图 7-56　就业人数指标公式

8）单击工具栏"保存"按钮。

9）单击工具栏"发布"按钮，选择"发布当前公式方案"，然后单击"关闭"按钮。

6. 设计就业薪资指标报表

1）单击页签旁的按钮"新建报表"，修改"报表名称"为"就业薪资指标"。

2）在 A 列添加列表头"平均薪资:""最高薪资:""最低薪资:"，在 B 列与"就业薪资分析指标"表相应指标字段进行映射，如图 7-57 所示。

图 7-57　设计就业薪资指标报表列表头和指标映射

3）删除多余行和列后单击工具栏“保存”按钮。

4）为就业薪资指标添加计算公式，“平均薪资”的计算公式是“已就业数据”中“月薪”字段取平均值，“最高薪资”是“已就业数据”中“月薪”字段取最大值，“最低薪资”是“已就业数据”中“月薪”字段取最小值，设置见表7－7。

表7－7　就业薪资指标计算公式

编号	表达式	说明
LTDQF58Q001	JYXZFXZB[PJXZ] = YJYSJMX[YX, AVG]	平均薪资 = 月薪平均
LTDQF58Q002	JYXZFXZB[ZGXZ] = YJYSJMX[YX, MAX]	最高薪资 = 月薪最大
LTDQF58Q003	JYXZFXZB[ZDXZ] = YJYSJMX[YX, MIN]	最低薪资 = 月薪最小

5）编辑完公式后，单击工具栏“保存”按钮。

6）单击工具栏“发布”按钮，选择“发布当前公式方案”，然后单击“关闭”按钮。

7. 保存并发布任务

1）回到任务设计界面，单击工具栏“保存”按钮。

2）单击工具栏“发布”按钮，发布当前任务。

任务7.5　录入数据

7.5.1　任务描述

实习就业分析系统的数据建模中包含“已就业数据”和“未就业数据”两个明细表，意味着在做进一步分析之前需要根据数据表样录入分析的数据。

本次任务通过“数字技术应用实践平台”的“数据录入”模块录入所需数据，其效果如图7－58所示。

	A	B	C	D	E	F	G	H	I	J
1	姓名	性别	就业状态	就业省份	就业城市	薪资范围	从事行业	岗位类型	月薪	就业人数
2	沈电亨	男	已就业	北京	北京	4956k-5257k	IT服务	销售顾问	4,983.94	1
3	劳妍	女	已就业	北京	北京	3453k-3754k	餐饮业	日料厨师	3,616.70	1
4	娄孝兴	男	已就业	北京	北京	4054k-4355k	电子商务	带货主播	4,220.28	1
5	逄器珍	女	已就业	北京	北京	5558k-5859k	咨询服务	咨询顾问	5,816.71	1
6	尤钰诚	男	已就业	北京	北京	4355k-4656k	人力资源服务	薪酬福利	4,474.54	1
7	高洁	女	已就业	北京	北京	3754k-4054k	人力资源服务	人力资源专员/助理	3,971.57	1
8	弓九民	男	已就业	北京	北京	4054k-4355k	人力资源服务	员工关系	4,313.23	1

	A	B	C
1	姓名	性别	未就业人数
2	鲍被佳	女	1
3	熊峰	男	1
4	驷公毓	女	1
5	洪雪	女	1
6	彭怡	女	1
7	景无浩	男	1
8	陈爽	女	1
9	江峰	男	1

图7－58　实习就业数据录入效果

7.5.2 任务实现

登录"数字技术应用实践平台",查看与本次任务相关的系统菜单,如图7-59所示。

录入数据

1.录入数据

实习就业分析系统的数据来自两个Excel表格:"已就业数据.xlsx"和"未就业数据.xlsx",共包含891条就业记录和109条未就业记录。

录入数据中主要的字段描述见表7-8。

图7-59 录入数据系统菜单

表7-8 数据字段说明

字段	说明
姓名	实习就业学生姓名,为保护隐私已进行脱敏处理
性别	实习就业者性别
就业状态	包含"已就业"和"未就业"
就业省份、就业城市	实习就业的地理位置信息
薪资范围	将就业薪资划分为20个区间
从事行业	实习就业的行业领域
岗位类型	从事的具体岗位类型
月薪	就业月薪
就业人数	就业人数,默认为1
未就业人数	未就业人数,默认为1

(1)录入已就业数据

1)单击系统菜单"参数配置",单击子菜单"数据录入",选择"实习就业数据分析",如图7-60所示。

图7-60 选择"实习就业数据分析"任务

2）单击"确定"按钮。

3）在数据录入界面，选择"已就业数据"页签，单击工具栏"导出"按钮，如果没有则单击"…"找到"导出"按钮，然后在导出窗口勾选"导出空表"，单击"确定"按钮，导出一个空的报表。

4）复制导出表格中工作表的名称，如图7-61所示。

图7-61　复制导出工作表名称

5）打开"已就业数据.xlsx"，将工作表名称替换为复制内容。

6）保存表格后关闭"已就业数据.xlsx"。

7）单击工具栏"导入"按钮，选择"已就业数据.xlsx"后进行数据导入，导入完成后单击工具栏"保存"按钮。

（2）录入未就业数据

1）在数据录入界面，选择"未就业数据"页签，单击工具栏"导出"按钮，在导出窗口勾选"导出空表"，导出空的报表。

2）复制导出表格中工作表的名称。

3）打开"未就业数据.xlsx"，将工作表名称替换为复制内容。

4）保存表格后关闭"未就业数据.xlsx"。

5）单击工具栏"导入"按钮，选择"未就业数据.xlsx"后进行数据导入，导入完成后单击工具栏"保存"按钮。

2. 计算指标公式

单击工具栏"全算"按钮，执行完毕后查看"就业人数指标"和"就业薪资指标"，如图7-62所示。

	A	B
1	就业率：	0.89
2	已就业人数：	891
3	未就业人数：	109

	A	B
1	平均薪资	4,941.09
2	最高薪资：	8,264.77
3	最低薪资：	2,250.51

图7-62　指标公式计算结果

任务7.6 创建数据集

7.6.1 任务描述

在"数字技术应用实践平台",通过"数据录入"模块产生数据分析所需要的数据源,以此为基础,根据不同需求可以创建不同的数据集合,即数据集。

数据集的主要作用是确定数据分析的维度和度量,根据实习就业分析系统的需求目标,本次任务目标是设计以地理区域、薪资范围、从事行业和岗位类型为分析维度的4个数据集,以及就业人数和就业薪资两个指标数据集,如图7-63所示。

数据分析 › 实习就业分析系统

| | 新建文件夹 | | 新建数据集∨ | | 新建查询 | | 新建分析表 | | 新建仪表盘 | | 删除 | | 移动 | | 刷新 |

	标题	标识	类型	修改时间	操作
	实习就业–从事行业	SXJY_CSHY	查询数据集	2024-03-18 03:50:18	编辑 重命名 创建副本 删除 预览
	实习就业–地理区域	SXJY_DLQY	查询数据集	2024-03-18 03:32:35	编辑 重命名 创建副本 删除 预览
	实习就业–就业人数指标	SXJY_JYRSZB	查询数据集	2024-03-18 03:55:00	编辑 重命名 创建副本 删除 预览
	实习就业–就业薪资指标	SXJY_JYXZZB	查询数据集	2024-03-18 03:57:04	编辑 重命名 创建副本 删除 预览
	实习就业–岗位类型	SXJY_GWLX	查询数据集	2024-03-18 03:51:39	编辑 重命名 创建副本 删除 预览
	实习就业–薪资范围	SXJY_XZFW	查询数据集	2024-03-18 03:48:37	编辑 重命名 创建副本 删除 预览

图7-63 实习就业分析系统数据集

在实习就业分析系统中,数据报表、数据集、数据分析与可视化的关系如图7-64所示。

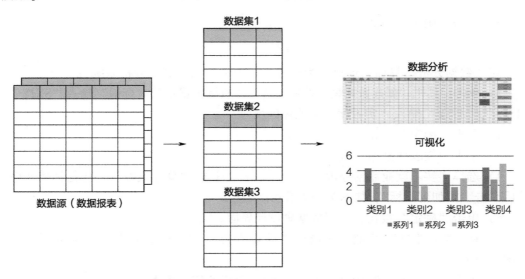

图7-64 数据报表、数据集、数据分析与可视化的关系

129

7.6.2 任务实现

登录"数字技术应用实践平台",查看与本次任务相关的系统菜单,如图 7 – 65 所示。

创建数据集

☐ 参数配置　　∧
　&　机构类型管理
　&　机构数据管理
　⊞　登录页管理
　⌂　首页配置
　☐　数据模型　　∨
　⊵　数据录入
　⊵　数据分析

图 7 – 65　数据分析系统菜单

1. 新建实习就业分析系统文件夹

1) 单击系统菜单"参数配置",单击子菜单"数据分析"。

2) 在新打开界面选择"数据分析",然后单击工具栏"新建文件夹"按钮,"标题"输入"实习就业分析系统",如图 7 – 66 所示。

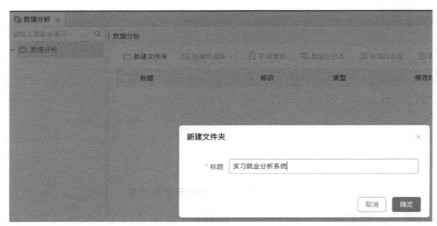

图 7 – 66　新建实习就业分析系统文件夹

3) 单击"确定"按钮。

2. 设计"实习就业 – 地理区域"数据集

在"数据分析"界面,选择"数据分析"下的"实习就业分析系统"。

1) 单击工具栏"新建数据集"按钮,选择"查询数据集","标识"输入"SXJY_DLQY","标题"输入"实习就业 – 地理区域"。

2) 单击"确定"按钮。

3) 单击"按表样添加"按钮。

4) 选择"实习就业数据分析"任务,单击"月薪""就业人数"对应指标单元格,然后单击"添加到指标",如图 7 – 67 所示。

5) 单击"确定"按钮,回到数据集设计界面。

6) 在"可选维度"区域,只选择"就业省份"和"就业城市"作为分析维度,如图 7 – 68 所示。

7) 单击"已选字段"中"月薪"右侧三角形按钮,单击"新建指标"下的"自定义"按钮,如图 7 – 69 所示。

图 7-67　选择指标字段

图 7-68　选择分析维度　　　　**图 7-69　单击"自定义"指标按钮**

8）在"新建自定义指标"窗口，"标题"输入"平均薪资"，已知平均薪资计算公式为：

$$平均薪资 = \frac{月薪}{就业人数}$$

"公式"输入框可以通过双击数据对象自动填充，公式输入结果为"YJYSJMX. YX/YJYSJMX. JYRS"，然后单击"确定"按钮，如图 7-70 所示。

9）将"平均薪资"拖拽至字段选项中，将"月薪"移除，如图 7-71 所示。

10）起止年份选择为"2023 年"和"2024 年"，单击"查询"按钮，结果如图 7-72所示。

11）单击工具栏"保存"按钮。

12）单击工具栏右上角"返回上一级"按钮。

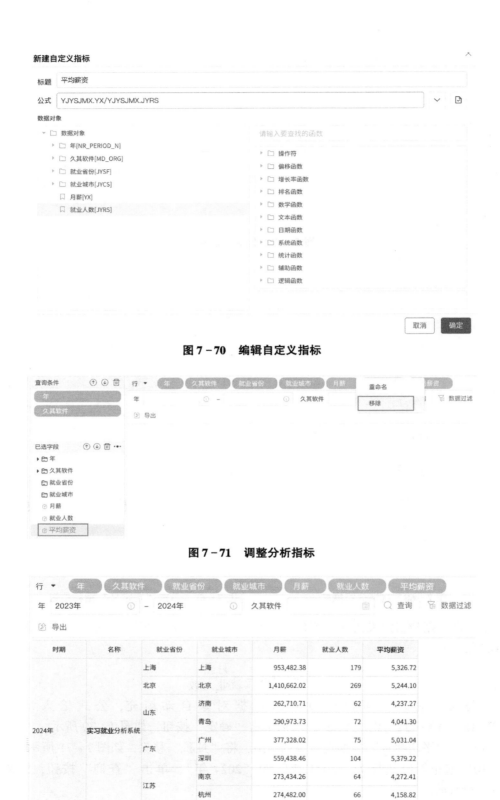

图 7-70   编辑自定义指标

图 7-71   调整分析指标

时期	名称	就业省份	就业城市	月薪	就业人数	平均薪资
2024年	实习就业分析系统	上海	上海	953,482.38	179	5,326.72
		北京	北京	1,410,662.02	269	5,244.10
		山东	济南	262,710.71	62	4,237.27
			青岛	290,973.73	72	4,041.30
		广东	广州	377,328.02	75	5,031.04
			深圳	559,438.46	104	5,379.22
		江苏	南京	273,434.26	64	4,272.41
			杭州	274,482.00	66	4,158.82

图 7-72   数据查询结果

3. 设计"实习就业－薪资范围"数据集

1）单击工具栏"新建数据集"按钮，选择"查询数据集"，"标识"输入"SXJY_XZFW"，"标题"输入"实习就业－薪资范围"。

2）在数据集设计界面，单击"按表样添加"按钮。

3）选择"实习就业数据分析"任务，单击"月薪""就业人数"对应指标单元格，然后单击"添加到指标"，单击"确定"按钮，回到数据集设计界面。

4）在"可选维度"区域，选择"薪资范围"作为分析维度。

5）单击"已选字段"中"月薪"右侧三角形按钮，单击"新建指标"下的"自定义"按钮，在"新建自定义指标"窗口，"标题"输入"平均薪资"，公式输入结果为"YJYSJMX. YX/YJYSJMX. JYRS"，然后单击"确定"按钮。

6）将"平均薪资"拖拽至字段选项中，将"月薪"移除。

7）起止年份选择为"2023 年"和"2024 年"，单击"查询"按钮。

8）单击工具栏"保存"按钮。

9）单击工具栏右上角"返回上一级"按钮。

4. 设计"实习就业－从事行业"数据集

1）单击工具栏"新建数据集"按钮，选择"查询数据集"，"标识"输入"SXJY_CSHY"，"标题"输入"实习就业－从事行业"，单击"确定"按钮。

2）在数据集设计界面，单击"按表样添加"按钮。

3）选择"实习就业数据分析"任务，单击"月薪""就业人数"对应指标单元格，然后单击"添加到指标"，单击"确定"按钮，回到数据集设计界面。

4）在"可选维度"区域，选择"从事行业"作为分析维度。

5）单击"已选字段"中"月薪"右侧三角形按钮，单击"新建指标"下的"自定义"按钮，在新建自定义指标窗口，"标题"输入"平均薪资"，公式输入结果为"YJYSJMX. YX/YJYSJMX. JYRS"，然后单击"确定"按钮。

6）将"平均薪资"拖拽至字段选项中，将"月薪"移除。

7）起止年份选择为"2023 年"和"2024 年"，单击"查询"按钮。

8）单击工具栏"保存"按钮。

9）单击工具栏右上角"返回上一级"按钮。

5. 设计"实习就业－岗位类型"数据集

1）单击工具栏"新建数据集"按钮，选择"查询数据集"，"标识"输入"SXJY_GWLX"，"标题"输入"实习就业－岗位类型"，单击"确定"按钮。

2）在数据集设计界面，单击"按表样添加"按钮。

3）选择"实习就业数据分析"任务，单击"月薪""就业人数"对应指标单元格，然后单击"添加到指标"，单击"确定"按钮，回到数据集设计界面。

4）在"可选维度"区域，选择"岗位类型"作为分析维度。

5）单击"已选字段"中"月薪"右侧三角形按钮，单击"新建指标"下的"自定义"按钮，在新建自定义指标窗口，"标题"输入"平均薪资"，公式输入结果为"YJYSJMX. YX/YJYSJMX. JYRS"，然后单击"确定"按钮。

6）将"平均薪资"拖拽至字段选项中，将"月薪"移除。

7）起止年份选择为"2023 年"和"2024 年"，单击"查询"按钮。

8）单击工具栏"保存"按钮。

9）单击工具栏右上角"返回上一级"按钮。

6. 设计"实习就业 – 就业人数指标"数据集

1）单击工具栏"新建数据集"按钮，选择"查询数据集"，"标识"输入"SXJY_JYRSZB"，"标题"输入"实习就业 – 就业人数指标"，单击"确定"按钮。

2）在数据集设计界面，单击"按表样添加"按钮。

3）选择"实习就业数据分析"任务，然后在窗口底部的报表选择中单击"就业人数指标"，单击"就业率""已就业人数""未就业人数"对应指标单元格，单击"添加到指标"，单击"确定"按钮，回到数据集设计界面。

4）起止年份选择为"2023 年"和"2024 年"，单击"查询"按钮。

5）单击工具栏"保存"按钮。

6）单击工具栏右上角"返回上一级"按钮。

7. 设计"实习就业 – 就业薪资指标"数据集

1）单击工具栏"新建数据集"按钮，选择"查询数据集"，"标识"输入"SXJY_JYXZZB"，"标题"输入"实习就业 – 就业薪资指标"，单击"确定"按钮。

2）在数据集设计界面，单击"按表样添加"按钮。

3）选择"实习就业数据分析"任务，然后在窗口底部的报表选择中单击"就业薪资指标"，单击"平均薪资""最高薪资""最低薪资"对应指标单元格，单击"添加到指标"，单击"确定"按钮，回到数据集设计界面。

4）起止年份选择为"2023 年"和"2024 年"，单击"查询"按钮。

5）单击工具栏"保存"按钮。

6）单击工具栏右上角"返回上一级"按钮。

任务 7.7　制作可视化大屏

7.7.1　任务描述

仪表盘是数字技术应用实践平台数据分析模块的重要功能，是重要的可视化工具。实习就业分析系统的可视化大屏使用仪表盘制作完成，动态显示就业人数和就业薪资指标，通过不同图表展示不同维度下的就业指标，使分析结果更加直观鲜明。

实习就业数据分析可视化大屏制作效果如图 7 – 73 所示。

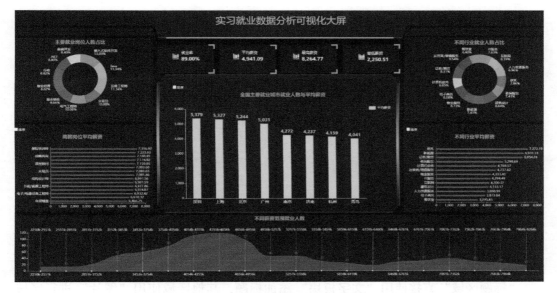

图7-73　实习就业数据分析可视化大屏

7.7.2　任务实现

1. 新建仪表盘

1）单击系统菜单"参数配置"，单击子菜单"数据分析"，在"数据分析"界面，选择"数据分析"下的"实习就业分析系统"。

制作可视化大屏1

2）单击工具栏"新建仪表盘"按钮，在"新建仪表盘"窗口，"标题"输入"实习就业可视化大屏"。

2. 设计仪表盘

1）在"实习就业可视化大屏"编辑界面，单击工具栏"主题"按钮，在下拉列表中选择"系统主题_深色"。

2）单击工具栏"布局"按钮，选择"自由布局"，并设置"宽1920高1080"。

3）单击工具栏"设置"按钮，"背景"选择"图片"，浏览可视化大屏背景目录下的"背景.png"上传，"展示方式"选择"拉伸"，如图7-74所示。

图7-74　设置背景图片

4）可视化大屏按照展示内容和展示方位划分为"标题区域""指标卡区域""普通区域"和"中心区域"，如图7-75所示。

135

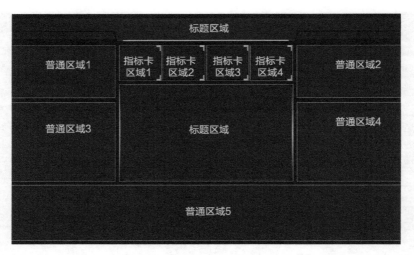

图 7 - 75　区域划分

"标题区域"直接使用"文字板块"添加标题,其他区域使用"图片"进行区域划分,具体操作如下:

a) 单击工具栏"图片"按钮,分别拖拽到除"标题区域"之外的 10 个位置,然后修改组件名称,调整组件大小,上传图片来自可视化大屏背景图目录,展示方式为"拉伸"。

单击工具栏"图片"按钮,拖拽到"普通区域1",单击组件右上角"编辑"按钮打开"组件设置"窗口,在"图片属性"中单击"上传",选择可视化大屏图片中的"普通区域背景.png",单击"打开"按钮上传图片,"展示方式"选择"拉伸",如图 7 - 76 所示。

b) 关闭"组件设置"窗口,然后单击组件右上角"设置"按钮打开"窗口设置",修改"窗口标题"为"普通区域1","窗口尺寸"设置"宽503 高325","窗口位置"设置"左1 上124",如图 7 - 77 所示。

图 7 - 76　图片组件设置

图 7 - 77　图片窗口设置

c）其他区域背景同样使用"图片"组件，可以通过拖拽的方式添加，也可以单击已有图片组件右上角的"复制"按钮进行复制，具体设置见表7-9。

单元 7 实习就业分析系统

表7-9 区域背景设置

序号	组件类型	组件设置		窗口设置		
		上传图片	展示方式	窗口标题	窗口尺寸	窗口位置
1	图片	普通区域背景.png	拉伸	普通区域2	宽503 高325	左1404 上124
2	图片	普通区域背景.png	拉伸	普通区域3	宽503 高340	左1 上460
3	图片	普通区域背景.png	拉伸	普通区域4	宽503 高340	左1404 上460
4	图片	普通区域背景.png	拉伸	普通区域5	宽1918 高260	左1 上810
5	图片	中心区域背景.png	拉伸	中心区域	宽880 高540	左515 上265
6	图片	指标卡区域背景.png	拉伸	指标卡区域1	宽220 高120	左515 上140
7	图片	指标卡区域背景.png	拉伸	指标卡区域2	宽220 高120	左735 上140
8	图片	指标卡区域背景.png	拉伸	指标卡区域3	宽220 高120	左955 上140
9	图片	指标卡区域背景.png	拉伸	指标卡区域4	宽220 高120	左1175 上140

d）单击大屏设计界面左上角的"图层"，如图7-78所示。

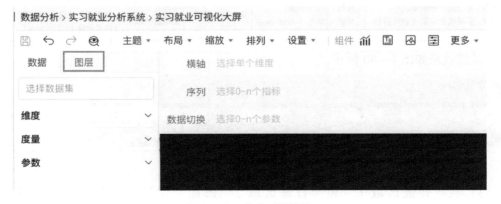

图7-78 单击"图层"

e）依次选中每一个背景区域后，单击右侧的"锁定"按钮，单击上面的"置于底层"按钮，如图 7-79 所示。

5）单击大屏设计界面"保存"按钮。

制作可视化大屏 2

3. 设计图表

1）在"标题区域"添加"文字板块"组件。

a）文本内容为"实习就业数据分析可视化大屏"，字体大小 36，水平居中，文本颜色设置为"#00FFF6"，单击"确定"按钮。

b）单击组件"设置"按钮打开"窗口设置"，取消选择"显示窗口标题"，"窗口尺寸"设置"宽800 高100"，"窗口位置"设置"左560 上20"。

图 7-79　锁定图层并置于底层

2）在"指标卡区域"添加"指标卡"组件，指标卡具体设置见表 7-10。

表 7-10　指标卡组件设置

指标卡区域	数据设置		组件设置/绘图					窗口设置/基本属性
	数据集	主指标	图标	主指标标题	主指标标题字体	主指标数值字体		显示窗口标题
指标卡区域1	实习就业分析系统/实习就业-就业人数指标	就业率	显示图标；指标卡图标.png	就业率	字体大小18；文本颜色白色	字体大小20；文本颜色白色；格式化值1，234.56%		否
指标卡区域2	实习就业分析系统/实习就业-就业薪资指标	平均薪资	显示图标；指标卡图标.png	平均就业薪资	字体大小18；文本颜色白色	字体大小20；文本颜色白色；格式化值1，234.56%		否
指标卡区域3	实习就业分析系统/实习就业-就业薪资指标	最高薪资	显示图标；指标卡图标.png	最高就业薪资	字体大小18；文本颜色白色	字体大小20；文本颜色白色；格式化值1，234.56%		否
指标卡区域4	实习就业分析系统/实习就业-就业薪资指标	最低薪资	显示图标；指标卡图标.png	最高就业薪资	字体大小18；文本颜色白色	字体大小20；文本颜色白色；格式化值1，234.56%		否

设置效果如图 7-80 所示。

制作可视化大屏 3

图 7-80　指标卡设置效果

3）在"普通区域 1"和"普通区域 2"添加"饼图"组件，饼图组件设置见表 7-11。

表 7-11　饼图组件设置

普通区域	数据设置			组件设置	
	数据集	扇区	指标	基本属性→标题	扇区
普通区域 1	实习就业 - 岗位类型	岗位类型	就业人数	主要就业岗位人数占比	启用排序降序显示前 10 名
普通区域 2	实习就业 - 从事行业	从事行业	就业人数	不同行业就业人数占比	启用排序降序

调整字体大小和颜色，效果如图 7-81 所示。

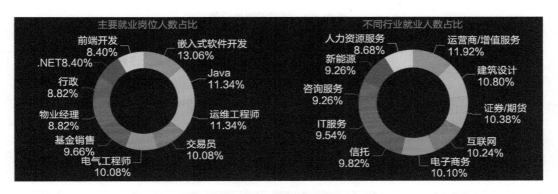

图 7-81　饼图设置效果

4）在"普通区域 3"和"普通区域 4"添加"折线直方图"组件，直方图组件设置见表 7-12。

表 7-12　水平直方图组件设置

普通区域	数据设置			组件设置		
	数据集	横轴	左轴序列	基本属性→标题	绘图→基本属性	横轴→排序
普通区域 3	实习就业 - 岗位类型	岗位类型	平均薪资	高薪岗位平均薪资	水平绘图方向	启用排序根据平均薪资升序显示后 15 名
普通区域 4	实习就业 - 从事行业	从事行业	平均薪资	不同行业平均薪资	水平绘图方向	启用排序根据平均薪资升序

序列属性设置为"直方"类型，调整字体大小和颜色，效果如图 7-82 所示。

5）在"普通区域 5"添加"折线直方图"组件，折线直方图组件设置见表 7-13。

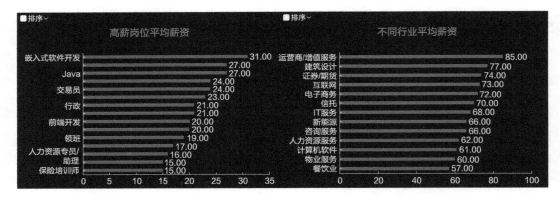

图 7-82　水平直方图设置效果

表 7-13　面积图组件设置

普通区域	数据设置			组件设置		
	数据集	横轴	左轴序列	基本属性→标题	序列→序列属性	标记线→垂直线
普通区域 5	实习就业–薪资范围	薪资范围	就业人数	不同薪资范围就业人数	面积类型	横轴取值为20个薪资区间样式为虚线

调整字体大小和颜色，效果如图 7-83 所示。

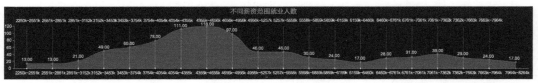

图 7-83　面积图设置效果

6）在"中心区域"添加"折线直方图"组件，折线直方图组件设置见表 7-14。

制作可视化大屏4

表 7-14　折线直方图组件设置

普通区域	数据设置			组件设置		
	数据集	横轴	左轴序列	基本属性→标题	横轴→排序	序列→序列属性
中心区域	实习就业–地理区域	就业城市	平均薪资就业人数	全国主要就业城市就业人数与平均薪资	启用排序根据平均薪资降序	平均薪资直方就业人数折线

调整字体大小和颜色，效果如图 7-84 所示。

7）单击工具栏"保存"按钮。

8）单击工具栏"预览"按钮，预览当前可视化大屏。

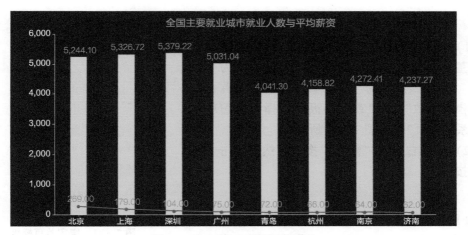

图 7 - 84 折线直方图设置效果

任务 7.8 发布系统

7.8.1 任务描述

在实习就业分析系统研发完成后，最后一步是向用户展示分析结果。本次任务的目标是发布可视化大屏和详细的分析报告。这些成果将直观展现实习就业数据的分析结果，帮助用户快速理解数据背后的洞察和建议，从而为决策提供支持。

发布可视化大屏和分析报告效果如图7 - 85所示。

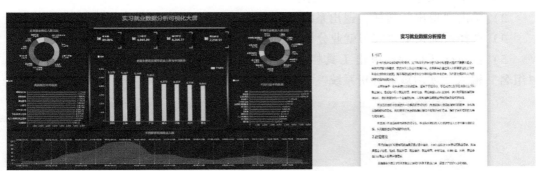

图 7 - 85 发布效果

7.8.2 任务实现

1. 新建系统发布菜单

1）切换至"数字技术应用实践平台"的编辑模式。

2）在系统资源列表面板，单击"添加同级"按钮，添加"实习就业分析系统"菜单。

3）为系统菜单添加子菜单"实习就业分析系统首页""实习就业分析大屏"和"实习就业分析报告"，如图7 - 86所示。

发布系统

> 🗁 实习就业分析系统　　　　　　∧
>
> 📄 实习就业分析系统首页
>
> 📄 实习就业分析大屏
>
> 📄 实习就业分析报告

图 7 - 86 添加系统发布菜单

2. 绑定首页

1）选择子菜单"实习就业分析系统首页"，在"基本设置"面板，设置"绑定应用"为"首页"，"标题"默认为"实习就业分析系统首页"，在"模板参数"中"首页模板"选择"实习就业分析系统首页"，如图7-87所示。

2）单击右上角"保存"按钮，然后单击"发布"按钮。

3. 发布可视化大屏

1）选择子菜单"实习就业分析系统可视化大屏"，在"基本设置"面板，"绑定应用"为"数据分析"，"绑定模块"选择"模板查看"，"标题"设置为"实习就业分析大屏"，"打开方式"选择"浏览器页签"。

2）在"自定义配置"面板，模板选择"实习就业可视化大屏"。

3）单击"保存"和"发布"按钮。

4. 发布分析报告

1）选择子菜单"实习就业分析报告"，在"基本设置"面板，"绑定应用"输入"分析报告"，"标题"设置为"实习就业分析报告"。

2）单击"保存"和"发布"按钮。

3）单击"退出"按钮，退出系统编辑模式。

4）选择系统菜单"实习就业分析系统"，单击子菜单"实习就业分析报告"。

5）在新打开页面，单击工具栏"新增分组"按钮，在"新增模板分组"窗口"组名"输入"实习就业分析系统"，如图7-88所示。

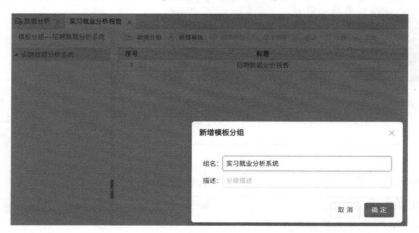

图7-88 新建分析报告模板分组

6）在"模板分组"面板选中"实习就业分析系统"，单击工具栏"新增模板"按钮，"名称"输入"实习就业分析报告"，然后单击"确定"按钮，如图7-89所示。

图7-87 绑定首页模板

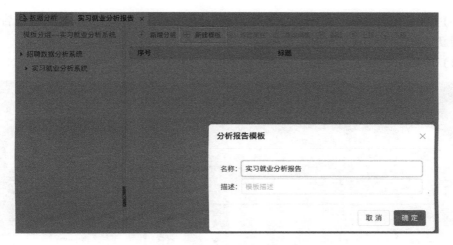

图 7 - 89　新增分析报告模板

7）单击模板名称进入模板编辑界面，单击工具栏"设置"按钮，单击"＋"按钮后选择"添加单位维度"，选择"久其软件"。继续单击"＋"按钮，选择"添加时期维度"，"周期类型"为"年"，"时期范围"选择"2023 年 – 2024 年"，如图 7 – 90 所示。

8）编写分析报告。

a）可以按照如下方式在模板中编写分析报告：

报告标题为"实习就业数据分析报告"。报告内容分为"引言""数据概览""数据分析与可视化""分析总结"四部分。撰写报告时注意设置节标题和正文格式，在撰写过程中，可以

图 7 - 90　设置分析报告主要维度

搭配图表更加直观地展现出数据分析结果所表达的含义。

b）导入已有模板，单击分析报告模板编辑界面右上角"…"按钮，单击"导入模板"，选择案例资源分析报告目录下面的"实习就业分析报告 . template"上传。

c）撰写完成后单击工具栏"保存"按钮。

d）单击"退出"按钮，退出系统编辑模式。

9）发布分析报告。

a）切换至"数字技术应用实践平台"的编辑模式。

b）单击菜单"实习就业分析系统"的子菜单"实习就业数据分析报告"，在右侧属性面板的"模块参数"中选择"菜单类型"为"分析报告"，"模板"选择"实习就业分析报告"。

c）单击"数字技术应用实践平台"编辑界面右上角"保存"按钮，单击"发布"按钮，单击"退出"按钮退出编辑模式。

10）单击系统菜单"实习就业分析系统"子菜单"实习就业数据分析报告"，在浏览器新的标签页打开发布的分析报告。

11）查看可视化大屏如图7-91所示。

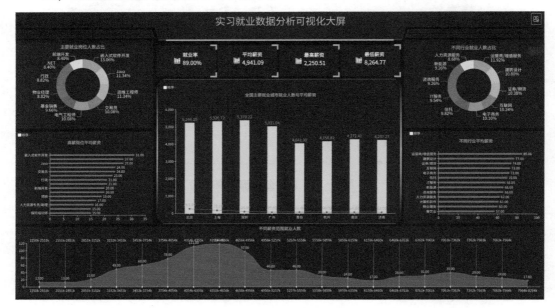

图7-91　查看可视化大屏

12）查看分析报告如图7-92所示。

实习就业数据分析报告

1.引言

在当前快速变化的职业环境中，实习和就业趋势分析为企业和求职者提供了重要的洞察，帮助其理解市场需求、薪资水平以及行业发展方向。本报告旨在通过深入分析高职院校实习生和毕业生的就业数据，揭示高职院校学生就业市场的现状和未来趋势，为其职业规划和人力资源管理提供数据支持。

本报告基于一份综合性的就业数据集，涵盖了不同行业、不同岗位以及不同地区的实习和就业情况，包括但不限于就业状态、薪资范围、岗位类型以及行业领域。通过对这些数据的精确分析，我们旨在提供一个全面的视角，以帮助理解当前就业市场的复杂性和多样性。

本报告的目的不仅是提供一个静态的市场快照，而是要深入挖掘数据背后的故事，分析就业趋势的动态变化。我们使用了先进的数据处理技术和统计分析方法，确保了分析结果的准确性和可靠性。

图7-92　查看分析报告

5.首页绑定常用功能

1）在系统菜单"参数配置"下，单击"首页配置"，单击"实习就业分析系统首页"操作按钮"修改首页"，如图7-93所示。

图7-93　单击修改首页

2）单击"常用功能"组件，单击"添加常用功能"右侧的"＋"按钮，在"配置常用功能"窗口，选择"实习就业分析系统"下面的"实习就业分析大屏"和"实习就业分析报告"，单击"添加"按钮，添加到"我的常用功能"中，然后单击"确定"按钮，如图 7－94 所示。

图 7－94　添加到常用功能

3）单击"首页配置"右上角"保存"按钮。

4）单击"首页配置"右上角"发布"按钮。

🛜 单元小结

本单元从情景引入到数据建模，再到最终的可视化展示和报告编写，全面探讨了实习就业分析系统的设计与实现。

首先引入实习就业分析系统的应用场景，接着通过第一个任务介绍了系统需求的收集和分析方法，并明确了需求目标，然后分多次任务实现数据分析系统中的组织机构创建、数据建模、数据集设计、可视化大屏设计和分析报告的撰写。通过案例分析与实现，让读者在掌握数据分析基础知识和技能的基础上，将理论知识应用于实际问题。

🛜 单元考评表

考核学生的专业能力和关键能力，采用过程性评价和结果评价相结合、定性评价与定量评价相结合的考核方法，填写考核评价表。注重学生动手能力和在实践中分析、解决问题的能力的考核，对于在学习上和应用上有创新意识的学生给予特别鼓励。

考评项	考评标准	分值	自评	互评	师评
任务完成情况 （50 分）	1. 完成需求分析	2			
	2. 完成初始化系统	3			
	3. 完成创建数据方案	5			
	4. 完成制作数据表样	10			
	5. 完成录入数据	5			
	6. 完成创建数据集	10			
	7. 完成制作可视化大屏	10			
	8. 完成发布实习就业分析系统	5			
任务完成效率 （10 分）	2 个小时之内完成可得满分	10			
表达能力 （10 分）	能够清楚地表达本单元讲述的重点	10			
解决问题能力 （10 分）	具有独立解决问题的能力	10			
总结能力 （10 分）	能够总结本单元的重点	10			
扩展：创新能力 （10 分）	具有创新意识	10			
合计		100			

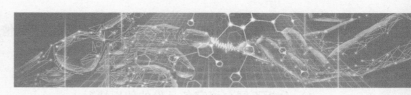

数字技术应用

单元 8
日常会议分析系统

为了充分利用会议室，提高会议效率，公司总裁办申请建设"日常会议分析系统"，统计并分析各个会议室的预定、使用以及参会人员出勤等情况。

📶 学习目标

1) 设计日常会议数据模型
2) 收集、整理日常会议数据
3) 创建日常会议多种数据集
4) 制作日常会议数据可视化大屏
5) 编写日常会议数据分析报告
6) 具备分析和优化会议室资源使用的能力

任务 8.1 需求分析

8.1.1 任务描述

日常会议分析系统旨在通过收集、分析和展示会议数据，帮助企业管理人员更好地理解会议情况，优化会议安排，提升会议效率。

本任务通过"数字技术应用实践平台"开发日常会议分析系统，帮助读者进一步提升"数字技术应用实践平台"的应用能力。本任务要求能够明确系统需求，界定系统的实现功能范围，为系统设计和开发提供逻辑依据和开发思路。

8.1.2 任务实现

日常会议分析系统提供会议数据分析并实现可视化功能，本任务的需求分析主要包括以下几个步骤。

需求分析

1. 分析需求

（1）需求目标

开发一个日常会议分析系统，通过分析历史会议室预约和使用数据，提供以下功能：

1）分析各部门不同月份的会议时长以及人员迟到情况。

2）分析不同类型会议的会议时长。

3）分析各会议室的空间有效利用情况。

4）分析不同会议室各月份的使用情况。

（2）用户人群

1）企业和教育机构的行政管理人员。

2）会议室预约负责人。

3）数据分析师和数据科学家。

（3）系统功能需求

1）数据建模。

根据需求目标进行数据模型创建和设计。

2）数据收集与导入。

支持从不同格式的文件中导入会议室使用数据。

数据包括会议室、部门名称、会议类型、会议时间、会议时长、会议室容纳人数、应到人数、迟到人数、使用次数等信息。

3）数据分析。

统计分析：会议频次、会议时长、迟到情况等指标。

4）可视化。

生成会议室使用频次、会议类型分布、部门会议时长、参与度等方面的图表。

5）报告制作。

自动生成数据分析报告，包括关键指标和图表等。

2. 会议数据收集

手动收集会议的相关信息，包括会议类型、所属部门、会议时长和迟到人数等。这些数据应能准确、完整地录入到系统中，以便后续进行分析。

将收集到的会议数据汇总到 Excel 表格，数据收集字段如图 8-1 所示。

会议室	部门名称	会议类型	会议时间	会议时长	会议室容纳人数	应到人数	迟到人数	使用次数

图 8-1　数据收集字段

3. 系统功能框架设计

根据前期的需求分析，对系统的功能模块进行划分，系统的主要功能模块包括机构类型管理、机构数据管理、登录页管理、首页配置、数据模型、数据录入、数据分析、用户管理和角色管理，系统功能模块图如图 8-2 所示。

4. 需求分析结果

日常会议分析系统需求分析结果见表 8-1。

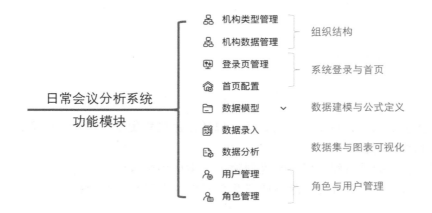

图 8 - 2　系统功能模块图

表 8 - 1　日常会议分析系统需求分析

项目基本信息		
项目名称	日常会议分析系统	
输入数据	会议室、部门名称、会议类型、会议时间、会议时长、会议室容纳人数、应到人数、迟到人数、使用次数	
输出结果	数据分析结果、可视化大屏、分析报告	
需求类别	**需求描述**	**备注**
项目目标	通过分析历史会议室预约和使用数据，能够识别会议室使用频率和模式，了解会议室使用需求，评估会议室资源配置的有效性，为会议室资源管理提供数据支持和改进建议	明确项目的核心目标
背景原因	随着企业和教育机构的发展，高效利用会议室资源变得尤为重要。一个能够分析和优化会议室预约及使用情况的数据分析系统可以显著提高资源利用率，减少资源浪费	解释项目存在的必要性
目标用户	企业和教育机构的行政管理人员、会议室预约负责人、数据分析师和数据科学家	用户角色
使用环境	数字技术应用实践平台	系统访问性
系统模块	基于数字技术应用实践平台构建的日常会议分析系统包含如下模块：组织结构、系统登录与首页、数据集与图表可视化、数据建模与公式定义	系统功能
实现方式	基于数字技术应用实践平台开发一个数据分析系统，集成数据收集、处理、分析和展示的功能	技术实现方案
需求目标	统计各部门会议时长以及占比分析；统计各部门的会议迟到情况；统计各会议类型的时长占比分析；按月分析全年的会议室使用率变化曲线；计算全年各个会议室的使用率；统计各会议室不同月份的空间利用率	明确分析指标

任务 8.2 初始化系统

8.2.1 任务描述

本任务主要完成分析系统的初始化，包括创建机构类型、创建机构数据管理、登录页管理和首页配置。

通过本任务的学习和实践，掌握创建机构类型和机构数据管理的方法和步骤，掌握首页和登录页的配置方法，深刻理解并掌握机构类型与机构数据管理的关联方法以及用途。

8.2.2 任务实现

1. 创建机构类型

光标移到菜单"机构类型管理"并单击进入，在页面中找到"新建类型"按钮并单击进入"新建类型"页面，弹出如图 8-3 所示的窗口，在"标识"框中输入"MD_ORG_JQRJ"，"名称"框中输入"久其软件"，然后单击"确定"按钮保存数据。

初始化系统 1

图 8-3　创建机构类型

2. 创建机构数据管理

1）单击菜单下的"机构数据管理"，单击"新建下级"，"机构代码"输入"80001"，"机构名称"输入"日常会议分析系统"，"机构简称"输入"日常会议分析系统"。

2）在"机构数据管理"下的"行政组织"栏选择"久其软件"，然后单击"关联创建"，在弹出的窗口中选择"日常会议分析系统"，勾选所有下级选项，然后单击"确定"按钮，完成关联创建。

3. 登录页管理

1）单击系统菜单中的"参数配置"，单击子菜单中的"登录页管理"，在新打开的"登录页管理"界面中单击右上角的"新增登录页"按钮。

2）进入"全局设置"界面，在"标题属性"下的"名称"文本框中输入"日常会议分析系统登录页"，在"路径"中输入"rchyfxxt"。

3）在"门户主题"配置项中，选择登录页主题进行配置，单击"默认主题"，打开默认主题登录页。

4）单击默认主题登录窗体，对其进行配置，取消勾选"显示 logo"，然后勾选"显示标题"，在"标题名称"中输入"日常会议分析系统登录"，如图 8 - 4 所示。

5）单击登录页的背景区域，进行"背景设置"，在设置面板下方找到"页脚设置"，取消勾选"显示页脚"，并将"北京久其软件股份有限公司"删除，如图 8 - 5 所示。

图 8 - 4　登录窗体配置选项

图 8 - 5　页脚设置

6）依次单击"登录页管理"界面右上角的"保存"按钮和"发布"按钮，完成保存和发布。

7）在浏览器地址栏输入"http://域名：端口号/#/login/rchyfxxt"，按 < Enter > 键后即可访问系统登录页，如图 8 - 6 所示。

图 8 - 6　配置完成的系统登录页

备注： 对于背景、logo、文字大小和颜色等属性的相关设置，读者可以根据自己的个性化需求来设置，这里不再赘述。

4. 首页配置

初始化系统2

1）单击系统菜单中的"参数配置"，单击子菜单中的"首页配置"，在新打开的"首页配置"界面，单击右上角的"添加首页"按钮。

2）在首页编辑界面右侧的"设置全局属性"面板中，"首页名称"输入"日常会议分析系统首页"。

3）在页面展示区域，删除编辑区域内"任务列表"组件，保留"图片轮播"组件。

4）从工具栏中选择"常用功能"组件拖拽至首页左下角并调整大小，选择"访问量"组件拖拽至右下角并调整大小，首页布局如图8-7所示。

图8-7 首页布局

5）单击"图片轮播"组件，在界面右侧"设置区域属性"面板中，找到"轮播图片设置"，单击"图片编辑"按钮，选择项目首页背景资源下面的"banner1.jpg""banner2.jpg""banner3.jpg"，单击"确定"按钮。

6）"轮播方式"选择"逐张轮播"，"导航样式"选择"线"，单击"保存"按钮。

7）"常用功能"组件属性设置中的"添加常用功能"需要在系统发布后绑定常用功能，本任务暂时不进行相关操作。

8）"访问量"组件调整大小后无需进行其他操作。

9）依次单击"保存""发布"和"关闭"按钮，完成首页配置。

任务8.3 创建数据方案

8.3.1 任务描述

本任务主要介绍日常会议数据模型的创建和设计，通过创建日常会议方案来实现数据模型的创建。在日常会议数据方案中，需要创建"会议信息"明细表。"会议信息"明细表用来存储会议数据。

8.3.2　任务实现

1. 新建数据方案分组

1）在系统菜单的"参数配置"中找到"数据模型"，单击子菜单中的"数据建模"，打开数据方案管理界面。

创建数据方案

2）在数据方案列表中选中"全部数据方案"，单击工具栏"新增分组"按钮，在"新增数据方案分组"窗口，"名称"输入"日常会议分析系统"，单击"确定"按钮。

2. 创建数据方案

1）单击工具栏上的"新增数据方案"按钮，在"新增数据方案"窗口，"名称"输入"日常会议分析方案"，"标识"输入"RCHYFXFA"，"主维度"选择组织机构中的"久其软件"，"时期"选择"月"，"所属分组"默认选择"日常会议分析系统"，如图 8-8 所示。

2）单击"确定"按钮。

3. 创建明细表

1）单击"日常会议分析方案"的右侧"设计"按钮打开数据方案设计界面。

2）单击工具栏中的"新增"按钮，选择并单击"新增明细表"，在"新增明细表"窗口，"名称"输入"日常会议数据明细表"，"标识"输入"RCHYSJMXB"，"汇总方式"选择"不汇总"，如图 8-9 所示。

图 8-8　新增日常会议分析方案　　　　图 8-9　新增日常会议数据明细表

3）单击"确定"按钮。

4. 设计数据明细表

1）单击"日常会议分析方案"下面的"日常会议数据明细表"，然后单击工具栏中的"新增字段"按钮，此明细表所有字段设置见表 8-2。

表 8-2　日常会议数据明细表字段

名称	代码	数据类型	长度/精度	小数位	可为空	默认值	计量类别	汇总方式
会议室	HYS	字符	150		是			不汇总
部门名称	BMMC	字符	150		是			不汇总
会议类型	HYLX	字符	150		是			不汇总
会议时间	HYSJ	日期			是			不汇总
会议时长	HYSC	数值	20	2	是		不设置量纲	不汇总
会议室容纳人数	HYSRNRS	整数	10		是		不设置量纲	不汇总
应到人数	YDRS	整数	10		是		不设置量纲	不汇总
迟到人数	CDRS	整数	10		是		不设置量纲	不汇总
使用次数	SYCS	整数	10		是	1	不设置量纲	不汇总

2）单击工具栏中的"维度管理"，根据系统需求目标，选择"会议室""部门名称""会议类型"和"会议时间"作为维度字段，如图 8-10 所示。

3）单击"确定"按钮。

4）单击主界面右上角的"发布"按钮。

图 8-10　选择维度管理字段

任务 8.4　制作数据表样

8.4.1　任务描述

在任务 8.3 中定义了数据模型所需要的字段，还需要设计日常会议数据的表样，这也是后续日常会议数据导入的必要步骤。本任务是完成"日常会议数据明细表"数据表样的设计。

8.4.2　任务实现

1. 新建任务分组

1）单击系统菜单"参数配置"，单击子菜单"数据模型"下的"数据表样"。

制作数据表样

2）在打开的窗口中，"全部任务"为默认选中状态，单击"新增分组"，"名称"输入"日常会议分析系统"，单击"确定"按钮。

2. 新增任务

1）选中"日常会议分析系统"，单击工具栏"新增任务"按钮，在"创建任务"窗口，单击"数据方案"下拉列表框，选择"日常会议分析系统"下面的"日常会议分析方案"。

2）单击"确定"按钮。

3. 设计日常会议数据表样

1）在任务设计窗口右侧找到"任务属性"面板，"任务名称"修改为"日常会议数据分析"，"任务开始时间"修改为"2017 年 1 月"，如图 8 – 11 所示。

2）单击工具栏"保存"按钮。

3）右击"工作表 1"页签，选择"报表属性"，"报表名称"修改为"日常会议数据"。

4）在数据表样编辑区域，从"A1"开始向右依次添加报表表头"会议室""部门名称""会议类型""会议时间""会议时长"" 会议室容纳人数""应到人数""迟到人数""使用次数"，如图 8 – 12 所示。

图 8 – 11　日常会议分析任务设置

图 8 – 12　日常会议数据报表表头

5）设置第 2 行为浮动行。

6）选择第 2 行，右击单元格选择"指标映射"，选择"日常会议数据明细表"中的相应字段逐一进行映射，如图 8 – 13 所示。

图 8 – 13　日常会议指标映射

7）删除多余的行和列，然后单击工具栏中的"保存"按钮。

8）单击"发布"按钮，发布当前表样。

任务 8.5　录入数据

8.5.1　任务描述

本任务主要介绍将收集到的日常会议信息数据导入到"数字技术应用实践平台"的方法和步骤，源数据为 2017 年度全年共 12 个月的会议数据。

在实际应用场景中，通常会按照一定的周期对会议数据进行统计和分析，日常会议分析系统按月导入数据并进行分析。

8.5.2　任务实现

1）在系统菜单的"参数配置"中选择"数据录入"，在"全部任务"窗口中单击"日常会议数据分析"进入"数据录入"页面，如图 8 – 14 所示。

录入数据

图 8 – 14　选择"日常会议数据分析"任务

2）在"数据录入"页面的左上角有选择日期的标签，单击日期标签，选择"2017年 1 月"，如图 8 – 15 所示。

图 8 – 15　数据录入日期选择

3）对齐数据方案。

a）单击工具栏中的"导出"按钮，如果没有，则单击"…"找到"导出"按钮，在导出窗口中选择"导出空表"，单击"确定"，导出一个空的报表。

b）复制导出表格中工作表的名称，如图 8 – 16 所示。

图 8 – 16　复制导出表格中工作表名称

c）打开平台提供的数据资源下面对应的月份表格，依次将工作表名称替换为复制的名称。

d）保存后关闭表格文件。

4）单击工具栏"导入"按钮，选择当前报表日期对应的月份文件后进行数据导入，导入完成后单击工具栏中的"保存"按钮。

5）使用同样的方法，依次录入 2017 年 2 月至 2017 年 12 月的数据。

任务 8.6　创建数据集

8.6.1　任务描述

本任务主要介绍基于会议数据，对数据进行多维度的分析和可视化呈现的方法，主要涉及查询数据集、仪表盘和分析图表的创建，从多个方面对数据进行了分析和可视化，并且对可视化图表进行属性设置。

8.6.2　任务实现

1. 不同部门会议数据集

创建数据集

（1）新建数据集

1）在系统菜单"参数配置"中单击"数据分析"，然后单击"新建文件夹"按钮，在"新建文件夹"窗口中，"标题"输入"日常会议分析系统"，单击"确定"按钮。

2）选中并单击新建文件夹"日常会议分析系统"，单击工具栏"新建数据集"按钮，选择并单击"查询数据集"，在"新建查询数据集"窗口，"标识"输入"BTBMHY"，"标题"输入"数据集－不同部门会议"，单击"确定"按钮。

（2）设计数据集

1）在"数据集－不同部门会议"设计主界面，单击"按表样添加"按钮，在"任务"下拉列表框中选择"日常会议数据分析"，如图 8－17 所示。

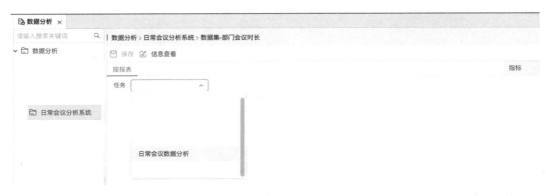

图 8－17　选择数据表样

2）单击"会议时长"对应的指标单元格，在弹出的快捷菜单中选择"添加到指标"，如图 8－18 所示。

图 8－18　将"会议时长"添加到指标

3）使用同样的方法将"会议室容纳人数""应到人数""迟到人数""使用次数"添加到指标，如图 8－19 所示。

图 8－19　数据集指标字段

4）单击"确定"按钮回到数据集设计界面。

5）在"数据集－部门会议时长"设计界面查看数据集主维度、可选维度字段和指标字段，如图8－20所示。

6）为当前数据集新增指标字段"迟到率"，表示在分析统计周期内不同部门会议迟到人数占应到人数的比例，计算公式为：

$$迟到率 = \frac{迟到人数}{应到人数}$$

日常会议分析系统统计周期为月，所以需要统计指定月份各部门的迟到人数除以应到人数。

"迟到率"指标添加步骤如下：

单击"已选字段"中的"迟到人数"，在弹出的快捷菜单中单击"新建指标"下的"自定义"选项，如图8－21所示。

图 8 - 20　数据集字段类型

图 8 - 21　选择"自定义"按钮

在"新建自定义指标"窗口，"标题"输入"迟到率"，"公式"输入框可以通过双击数据对象自动填充，公式输入结果为"RCHYSJMXB. CDRS/RCHYSJMXB. YDRS"，然后单击"确定"按钮，如图8－22所示。

将"迟到率"拖拽至字段选项中，如图8－23所示。

7）"可选维度"只选择"部门名称"，其他取消选择。

8）设置起始月份为"2017年1月"，结束月份选择"2017年12月"，单击"查询"按钮，部分数据查询结果如图8－24所示。

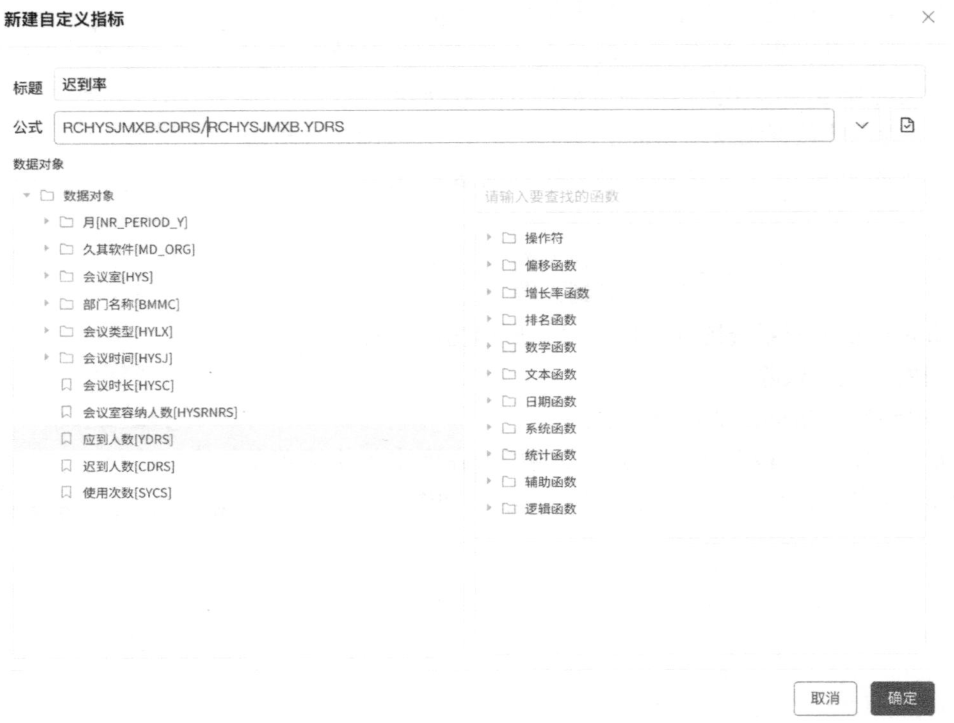

新建自定义指标 ✕

标题 迟到率

公式 RCHYSJMXB.CDRS/RCHYSJMXB.YDRS ⌄ ▢

数据对象

- ▼ ▢ 数据对象
  - ▸ ▢ 月[NR_PERIOD_Y]
  - ▸ ▢ 久其软件[MD_ORG]
  - ▸ ▢ 会议室[HYS]
  - ▸ ▢ 部门名称[BMMC]
  - ▸ ▢ 会议类型[HYLX]
  - ▸ ▢ 会议时间[HYSJ]
  - ▫ 会议时长[HYSC]
  - ▫ 会议室容纳人数[HYSRNRS]
  - ▫ 应到人数[YDRS]
  - ▫ 迟到人数[CDRS]
  - ▫ 使用次数[SYCS]

请输入要查找的函数

- ▸ ▢ 操作符
- ▸ ▢ 偏移函数
- ▸ ▢ 增长率函数
- ▸ ▢ 排名函数
- ▸ ▢ 数学函数
- ▸ ▢ 文本函数
- ▸ ▢ 日期函数
- ▸ ▢ 系统函数
- ▸ ▢ 统计函数
- ▸ ▢ 辅助函数
- ▸ ▢ 逻辑函数

取消 确定

图 8 – 22   新建迟到率指标

行 ▼ ｜ 月 ｜ 久其软件 ｜ 会议室 ｜ 部门名称 ｜ 会议类型 ｜ 会议时间 ｜ 迟到率 ▼ ｜ 会议时长

月 [ⓘ] – [ⓘ] 久其软件 [▤] 🔍 查询   🔻 数据过滤 📝 选项

📤 导出

图 8 – 23   添加迟到率至显示字段

行 ▼ ｜ 月 ｜ 久其软件 ｜ 部门名称 ｜ 迟到率 ｜ 会议时长 ｜ 会议室容纳... ｜ 应到人数 ｜ 迟到人数 ｜ 使用次数

月 [2017年1月 ↻] – [2017年12月 ↻] 久其软件 [▤] 🔍 查询 🔻 数据过滤 📝 选项 📤 导出

时期	名称	部门名称	迟到率	会议时长	会议室容纳人数	应到人数	迟到人数	使用次数
		产品中心	0.51	214.00	1,280	707	360	46
		人力资源部	0.43	5.00	50	44	19	2
		企业交付中心	0.45	810.00	670	330	150	26
		企业市场中心	0.61	67.00	100	67	41	5
		企业研发中心	0.51	189.50	1,770	970	493	71
		信息中心	0.71	4.00	50	14	10	2
		品牌推广部	0.56	99.00	170	61	34	6
		总裁办公室	0.57	13.00	90	47	27	3
2017年1月	日常会议分析系统	政府交付中心	0.53	62.50	340	154	82	13
		政府市场中心	0.44	20.50	120	77	34	4
		政府研发中心	0.51	102.00	1,400	737	379	56
		教育事业部	0.54	69.00	870	460	249	31
		物业服务中心	0.49	27.00	230	91	45	10
		研究院	0.37	20.50	260	123	45	9

图 8 – 24   部分数据查询结果

9）单击工具栏中的"保存"按钮。

10）单击工具栏右上角的"返回上一级"按钮。

2. 不同类型会议数据集

（1）新建数据集

单击工具栏中的"新建数据集"，单击"查询数据集"，在"新建查询数据集"窗口，"标识"输入"BTLXHY"，"标题"输入"数据集–不同类型会议"，单击"确定"按钮。

（2）设计数据集

1）在"数据集–不同类型会议"设计主界面，单击"按表样添加"按钮，单击"任务"下拉列表框中的"日常会议数据分析"。

2）单击"会议时长""会议室容纳人数""应到人数""迟到人数""使用次数"对应的指标单元格，在出现的快捷菜单中选择"添加到指标"。

3）单击"确定"按钮回到数据集设计界面。

4）在"数据集–不同类型会议"设计界面，可选维度只选择"会议类型"，其他取消选择。

5）设置起始月份为"2017年1月"，结束月份选择"2017年12月"，单击"查询"按钮。

6）单击工具栏"保存"按钮。

7）单击工具栏右上角的"返回上一级"按钮。

3. 不同会议室会议数据集

（1）新建数据集

单击工具栏"新建数据集"，单击"查询数据集"，在"新建查询数据集"窗口，"标识"输入"BTHYSHY"，"标题"输入"数据集–不同会议室会议"，单击"确定"按钮。

（2）设计数据集

1）在"数据集–不同会议室会议"设计主界面，单击"按表样添加"按钮，单击"任务"下拉列表框中的"日常会议数据分析"。

2）单击"会议时长""会议室容纳人数""应到人数""迟到人数""使用次数"对应的指标单元格，在出现的快捷菜单中选择"添加到指标"。

3）单击"确定"按钮回到数据集设计界面。

4）为当前数据集新增指标字段"使用率"，表示在分析统计周期内不同会议室的使用时长占可用时长的百分比，计算公式为：

$$使用率 = \frac{周期内会议室使用总时长}{周期内会议室可用总时长}$$

日常会议分析系统统计周期为月，所以需要统计指定月份会议室的实际使用时长，然后再除以可用总时长。

假如有A会议室在2017年1月总使用时长为20h，每个月会议室的总可用时长按照8×22来计算，那么：

$$A会议室1月使用率 = \frac{20}{22×8} = 11.36\%$$

单击"已选字段"中的"会议时长",在弹出的快捷菜单中单击"新建指标"下的"自定义"按钮。

在"新建自定义指标"窗口,"标题"输入"使用率","公式"输入框可以通过双击数据对象自动填充,公式输入结果为"RCHYSJMXB. HYSC/(22 * 8)",然后单击"确定"按钮。

将"使用率"拖拽至字段选项中。

5)为当前数据集新增指标字段"会议室空间利用率",此指标用来统计各会议室应到人数占可容纳人数的比例,计算公式为:

$$会议室空间利用率 = \frac{应到人数}{会议室容纳人数}$$

在"新建自定义指标窗口","标题"输入"会议室空间利用率","公式"输入"RCHYSJMXB. YDRS/RCHYSJMXB. HYSRNRS",然后单击"确定"按钮。将"会议室空间利用率"拖拽至字段选项中。

6)"可选维度"只选择"会议室",其他取消选择。

7)设置起始月份为"2017年1月",结束月份选择"2017年12月",单击"查询"按钮。

8)单击工具栏"保存"按钮。

9)单击工具栏右上角的"返回上一级"按钮。

4. 不同月份会议数据集

(1)新建数据集

单击工具栏"新建数据集",单击"查询数据集",在"新建查询数据集"窗口,"标识"输入"BTYFHY","标题"输入"数据集-不同月份会议",单击"确定"按钮。

(2)设计数据集

1)在"数据集-不同月份会议"设计主界面,单击"按表样添加"按钮,单击"任务"下拉列表框中的"日常会议数据分析"。

2)单击"会议时长""会议室容纳人数""应到人数""迟到人数""使用次数"对应的指标单元格,在出现的快捷菜单中选择"添加到指标"。

3)单击"确定"按钮回到数据集设计界面。

4)在"数据集-不同月份会议"设计界面,取消选择所有可选维度只保留默认主维度。

5)设置起始月份为"2017年1月",结束月份选择"2017年12月",单击"查询"按钮。

6)单击工具栏"保存"按钮。

7)单击工具栏右上角"返回上一级"按钮。

任务8.7 设计分析大屏

8.7.1 任务描述

本任务主要详细介绍日常会议分析可视化大屏的搭建过程,也就是将任务8.6数据集制作的结果通过多样化的图表设计绘制到可视化大屏上，方便决策和管理者参考和进一步的信息挖掘。

8.7.2 任务实现

1. 新建仪表盘

1）单击系统菜单中的"参数配置"，单击子菜单中的"数据分析"，在主界面中选择"数据分析"下的"日常会议分析系统"。

制作可视化大屏1

2）单击工具栏中的"新建仪表盘"按钮，在"新建仪表盘"窗口，"标题"输入"日常会议分析可视化大屏"。

2. 大屏设计

1）单击工具栏上的"主题"按钮，在下拉列表中选择"系统主题_深色"。

2）单击工具栏中的"布局"按钮，选择"自由布局"，并设置宽为1920，高为1080。

3. 制作图表

日常会议分析系统可视化大屏内容布局如图8-25所示。

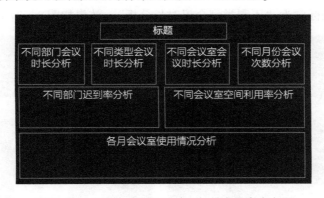

图8-25 日常会议分析系统可视化大屏内容布局

不同区域的位置和大小可以使用"图片"和"文字板块"组件作为背景的方式进行划分，也可以根据布局设计图直接在对应位置添加和制作图表。具体操作步骤如下：

（1）标题区域

1）单击工具栏中的"更多"按钮，找到"文字板块"，将其拖拽到中间编辑区，在"组件设计"窗口中输入"日常会议分析可视化大屏"，字体大小设置为"48px"，字体颜色设置为"#BAE2FD"，并且设置为居中。

2）单击"确定"按钮，关闭该窗口。

3）打开"窗口设置"，在"基本属性"中，取消勾选"显示窗口标题"，修改窗口尺寸，"宽"设置为"800"，"高"设置为"100"，"窗口位置"设置"左"为"560"，"上"为"20"。

4）单击右上角的"×"按钮关闭该窗口。

5）单击仪表盘工具栏中的"保存"按钮。

（2）不同部门会议时长分析

1）单击工具栏中的"更多"按钮，选择"饼图"并拖拽至编辑区域。

2）"数据集"选择"日常会议分析系统"下面的"数据集 – 不同部门会议"，"扇区"选择"部门名称"，"指标"选择"会议时长"。

3）"数据切换"选择"时期"。

4）通过"组件设置"和"窗口设置"，对饼图的其他属性进行设置。

5）设置图表标题为"不同部门会议时长分析"，调整大小和位置后的效果如图 8 – 26 所示。

（3）不同类型会议时长分析

1）单击"不同部门会议时长分析"图表右上角的"复制"按钮，将复制好的饼图移动到仪表盘的右上角区域，注意将其调整到合适位置与大小。

2）"数据集"选择"数据集 – 不同类型会议"。

3）"扇区"选择"会议类型"，"指标"选择"会议时长"。

4）"数据切换"选择"时期"。

5）通过"组件设置"和"窗口设置"对饼图的其他属性进行设置。

6）设置图表标题为"不同类型会议时长分析"，效果如图 8 – 27 所示。

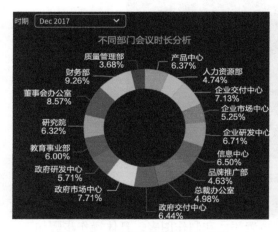 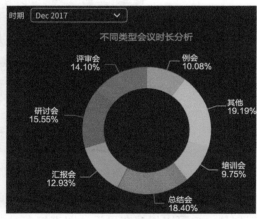

图 8 – 26　不同部门会议时长分析　　　　图 8 – 27　不同类型会议时长分析

（4）不同会议室会议时长分析

1）单击"不同类型会议时长分析"图表右上角的"复制"按钮，将复制好的饼图移动到仪表盘的右上角区域，注意将其调整到合适位置与大小。

2）"数据集"选择"数据集 – 不同会议室会议"。

3）"扇区"选择"会议室"，"指标"选择"会议时长"。

4）"数据切换"选择"时期"。

5）通过"组件设置"和"窗口设置"对饼图的其他属性进行设置。

6）设置图表标题为"不同会议室会议时长分析"，效果如图 8 – 28 所示。

（5）不同月份会议次数分析

1）单击"不同会议室会议时长分析"图表右上角的"复制"按钮，将复制好的饼图移动到仪表盘的右上角区域，注意将其调整到合适位置与大小。

制作可视化大屏2

2）"数据集"选择"数据集–不同月份会议"。

3）"扇区"选择"时期"，"指标"选择"使用次数"。

4）通过"组件设置"和"窗口设置"对饼图的其他属性进行设置。

5）设置图表标题为"不同月份会议次数分析"，效果如图 8 – 29 所示。

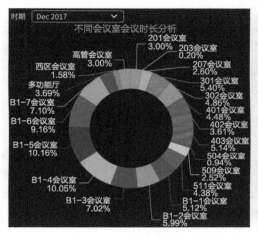

图 8 – 28　不同会议室会议时长分析　　　　　图 8 – 29　不同月份会议次数分析

（6）不同部门迟到率分析

1）单击工具栏中的"更多"按钮，选择"折线直方图"并拖拽至编辑区域，注意将其调整到合适位置与大小。

2）"数据集"选择"日常会议分析系统"下面的"数据集–部门会议"，"横轴"选择"部门名称"，"左轴序列"选择"迟到率"，"数据切换"选择"时期"。

3）通过"组件设置"和"窗口设置"对图表的其他属性进行设置。

4）设置图表标题为"不同部门迟到率分析"，调整图表其他相关设置，效果如图 8 – 30所示。

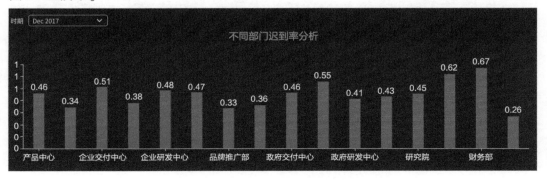

图 8 – 30　不同部门迟到率分析

165

（7）不同会议室空间利用率分析

1）单击折线直方图"不同部门迟到率分析"右上角的"复制"按钮，注意将其调整到合适位置与大小。

2）"数据集"选择"日常会议分析系统"下面的"数据集 – 不同会议室会议"，"横轴"选择"会议室"，"左轴序列"选择"会议室空间利用率"，"数据切换"选择"时期"。

3）通过"组件设置"和"窗口设置"对图表的其他属性进行设置。

4）设置图表标题为"不同会议室空间利用率分析"，调整图表其他相关设置，效果如图 8 – 31 所示。

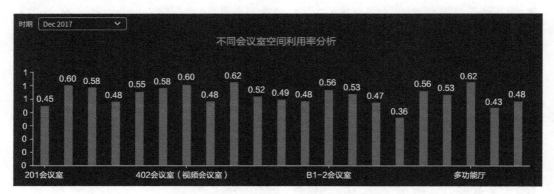

图 8 – 31　不同会议室空间利用率分析

（8）各月会议室使用情况分析

1）单击折线直方图"不同会议室空间利用率分析"右上角的"复制"按钮，注意将其调整到合适位置与大小。

2）"数据集"选择"日常会议分析系统"下面的"数据集 – 不同会议室会议"，"横轴"选择"时期"，"左轴序列"选择"使用率"，"数据切换"选择"会议室"。

3）通过"组件设置"和"窗口设置"对图表的其他属性进行设置。

4）设置图表标题为"各月会议室使用情况分析"，调整图表其他相关设置，效果如图 8 – 32 所示。

图 8 – 32　各月会议室使用情况分析

4. 发布大屏

1）新建系统发布菜单。

a）切换"数字技术应用实践平台"至编辑模式。

b）在"系统资源列表"面板，单击"添加同级"按钮，在界面右侧出现"节点属性设置"面板，在"基本设置"的"标题"中输入"日常会议分析系统"。

c）单击主界面右上角的"保存"按钮。

2）新建可视化大屏菜单。

a）选中"日常会议分析系统"，单击"添加下级"，在界面右侧出现"节点属性设置"面板，在"基本设置"中，"绑定模块"输入"模板查看"，"标题"修改为"日常会议分析大屏"，"打开方式"选择"浏览器页签"菜单。

b）在中间的"自定义配置"中，模板选择"日常会议分析系统"下的"日常会议分析可视化大屏"。

3）单击"数字技术应用实践平台"编辑界面右上角的"保存"按钮，然后单击"发布"按钮，接着单击"退出"按钮退出编辑模式。

4）单击系统菜单中的"日常会议分析系统"，并选择子菜单中的"日常会议分析大屏"，查看发布的大屏，如图 8 – 33 所示。

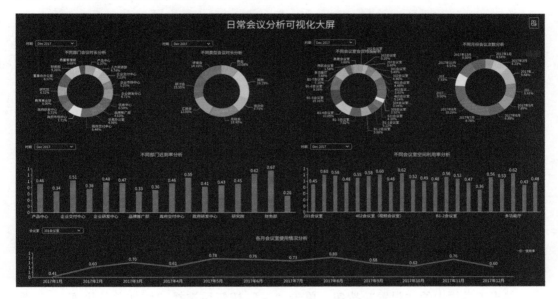

图 8 – 33 日常会议分析可视化大屏

任务 8.8 设计分析报告

8.8.1 任务描述

本任务首先介绍数据分析报告的创建方法，然后介绍数据分析报告模板工具栏的简单使用，最后介绍日常会议分析报告的编写方法和步骤，旨在进一步巩固利用数据思维方法结合可视化图表对数据解读能力和文字总结能力的培养。

8.8.2 任务实现

1. 绑定分析报告功能

1）单击工具栏中的"编辑"按钮进入功能编辑页面。在左侧菜单栏中选中"日常会议分析系统"，单击"新建下级"，在"绑定应用"

编写分析报告

中输入"分析报告",在标题栏输入"日常会议分析报告"。

2）单击工具栏中的"保存"按钮,单击"发布"按钮,单击"退出"按钮退出编辑模式。

3）单击系统菜单中"日常会议分析系统"下的"日常会议分析报告",在打开页面的模板资源列表的"模板分组"中单击"新增分组","组名"输入"日常会议分析系统",单击"确定"按钮,如图8-34所示。

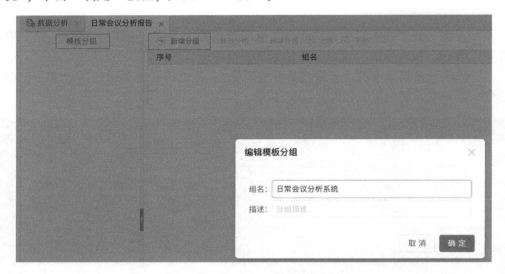

图8-34 日常会议分析报告分组

4）继续在创建好的"日常会议分析系统"分组下,单击"新建模板",在"名称"栏输入"日常会议分析报告",完成数据分析报告模板的创建。

2. 编写分析报告

（1）设置维度

单击工具栏中的"设置"按钮,单击"＋"按钮后选择"添加单位维度",选择"久其软件"。继续单击"＋"按钮,选择"添加时期维度","周期类型"为"年","时期范围"选择"2017年1月-2017年12月"。

（2）设置报告标题和前言基本格式

单击"日常会议分析报告"进入报告编写页面。首先设计标题,标题为"日常会议分析报告",将样式设置为"标题1""宋体""一号",并设置居中。然后录入"前言","前言"的设置为"标题3""宋体""二号",并设置居中。接下来,编写前言内容,其设置为"段落""宋体""4号"。

（3）编写前言内容

编写前言内容:"日常会议数据分析报告聚焦于会议室使用情况,通过对会议室预订数据、使用时长、使用频率等关键指标的深入分析,旨在揭示会议室使用的现状、存在的问题以及潜在的优化空间。通过数据驱动的决策,我们希望实现会议室资源的高效利用,提升会议效率,为团队创造更良好的协作环境。本报告的数据来源真实可靠，分析方法科学合理，旨在为管理层提供决策支持，助力组织的高效运作。"

（4）设置正文基本格式

在正文部分输入"正文"字样后，将其样式设置为"标题3""宋体""二号"，并设置居中，然后输入正文内容，其中包括内容和图片，内容格式设置为"段落""宋体""4号"。然后开始正文的编写，正文内容参考如下：

1）不同部门会议时长分析

不同部门会议时长分析如图8-35所示。其中，财务部会议时长占比最大，为9.26%；其次是董事会办公室和政府市场中心，分别是8.57%和7.71%；会议时长占比最少的是质量管理部，只有3.68%。

2）不同类型会议时长分析

不同类型会议时长分析如图8-36所示。

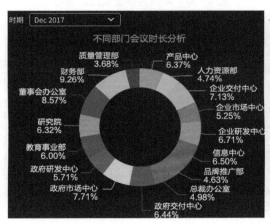

图8-35　不同部门会议时长分析　　　　图8-36　不同类型会议时长分析

在已确定类型会议中，总结会占比最大，为18.40%；其次为研讨会，占比为15.55%；培训会最少，只有9.75%。

3）不同会议室会议时长分析

不同会议室会议时长分析如图8-37所示。

使用时长最多的是B1-5会议室，然后B1的会议室使用时长都相对较长。2层会议室都相对较少使用。

4）不同月份会议次数分析

不同月份会议次数分析如图8-38所示。

公司在8月开会次数最多，占全年的10.29%；1月开会次数最少；10月和5月也相对较少，可能是受节假日的影响；其余月份会议次数都比较接近。

5）不同部门迟到率分析

不同部门12月迟到率分析统计结果如图8-39所示。

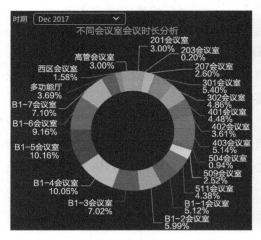

图8-37 不同会议室会议时长分析

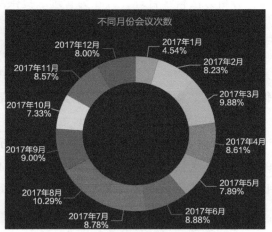

图8-38 不同月份会议次数分析

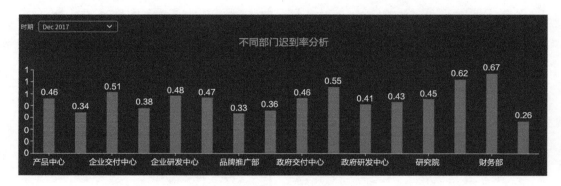

图8-39 不同部门12月迟到率分析

在12月，迟到情况最严重是财务部，部门迟到率总和是0.67。

6）不同会议室空间利用率分析

不同会议室12月空间利用率分析结果如图8-40所示。

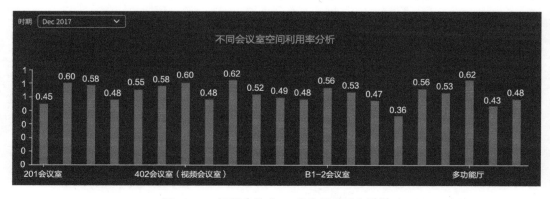

图8-40 不同会议室12月空间利用率分析

在 12 月，各会议室的空间利用率相对比较平均，大部分都是 40% 左右。

7）各月会议室使用情况分析

301 会议室各月使用情况分析结果如图 8 – 41 所示。

图 8 – 41　301 会议室各月使用情况分析

301 会议室 1 月使用率最低；2 月至 11 月的使用率都比较平稳，变化不大；12 月有明显减少。

（5）编写报告总结

编写报告总结："通过对日常会议的详细数据分析，我们发现会议室的预订频率和使用时长在不同时间段存在较大差异，部分会议室存在利用率不高的情况。为此，我们建议优化会议室的分配机制，提高预约系统的便捷性，并考虑在高峰期增开临时会议室以满足需求。"

"同时，我们发现每月仍有员工迟到现象，对此我们应该制定会议室出勤考核制度，提升员工对会议重要性的认识。通过本次数据分析，我们对会议室使用情况有了更深入的了解，为未来的资源管理和优化提供了有力依据。"

3．发布分析报告

1）将"数字技术应用实践平台"切换为编辑模式。

2）单击"日常会议分析系统"，单击"新建下级"，绑定应用为"首页"，在"标题"中输入"日常会议分析系统首页"，在"模参数"中，选择模板"日常会议分析系统首页"。

3）单击"日常会议分析报告"，将"模块参数"的"报告类型"修改为"分析报告"。

4）单击工具栏中的"保存"按钮，单击"发布"按钮，单击"退出"按钮退出编辑模式。

4．首页绑定常用功能

1）在系统菜单的"参数配置"下，单击"首页配置"，单击"日常会议分析系统首页"中的"修改首页"按钮。

2）单击"常用功能"组件，单击"添加常用功能"右侧的" + "按钮，在"配置常用功能"窗口，选择"日常会议分析系统"下面的"日常会议分析大屏"和"日常会议分析报告"，单击"添加"按钮，添加到"我的常用功能"中，然后单击"确定"按钮。

3）单击"首页配置"右上角的"保存"按钮。

4）单击"首页配置"右上角的"发布"按钮。

📶 单元小结

本单元主要介绍了数字技术应用实践平台中实现日常会议分析系统的搭建方法、步骤、数据可视化分析大屏的设计以及数据分析报告的创建和编写。

通过本任务的学习，对企业会议分析系统的搭建和数据的可视化有了基本的了解和认识，掌握了"数字技术应用实践平台"的功能模块和开发步骤，也进一步巩固了数据分析大屏的设计方法和数据分析报告的编写的步骤，为以后的学习和工作奠定了实践基础。

📶 单元考评表

考核学生的专业能力和关键能力，采用过程性评价和结果评价相结合、定性评价与定量评价相结合的考核方法，填写考核评价表。注重学生动手能力和在实践中分析、解决问题的能力的考核，对于在学习上和应用上有创新意识的学生给予特别鼓励。

考评项	考评标准	分值	自评	互评	师评
任务完成情况 （50分）	1. 完成需求分析	5			
	2. 完成系统初始化	5			
	3. 完成数据方案的创建	5			
	4. 完成数据表样的制作	5			
	5. 完成数据录入	5			
	6. 完成数据集制作	10			
	7. 完成数据分析大屏的制作	10			
	8. 完成数据分析报告的编写	5			
任务完成效率 （10分）	2个小时之内完成可得满分	10			
表达能力 （10分）	能够清楚地表达本单元所讲述的重点	10			
解决问题能力 （10分）	具有独立解决问题的能力	10			
总结能力 （10分）	能够总结本单元的重点	10			
扩展：创新能力 （10分）	具有创新意识	10			
合计		100			

单元 9
智能耳机成本分析系统

由于之前工作的突出表现，琪琪被分配到了"某厂生产数据分析平台"项目组，并负责其中一个子系统"智能耳机成本分析系统"的设计与开发，其中包括成本分析、销售与各种款项分析以及盈利分析等。

学习目标

1）设计智能耳机成本数据模型
2）收集、整理智能耳机成本数据
3）创建多种智能耳机成本数据集
4）制作智能耳机成本数据可视化大屏
5）编写智能耳机成本数据分析报告
6）具备通过数据分析系统进行智能耳机成本分析的能力

任务 9.1 需求分析

9.1.1 任务描述

详细的需求分析有助于确保项目能够满足用户需求、避免失败、优化流程。对于智能耳机成本分析系统而言，需要分析实现的目标，识别相关的数据源，确定数据处理和分析的方法。

本任务通过实际案例，展示如何根据实际场景进行需求分析。

9.1.2 任务实现

需求分析包括收集需求、分析需求和明确需求三个部分。

需求分析

1. 收集需求

智能耳机成本分析系统的数据来源主要是公司内部的销售数据、物料成本数据、用人成本数据等，将这些数据汇总处理之后，形成成本分析数据。

2. 分析需求

智能耳机成本分析系统面向企业群体，每个群体根据自身需求利用数据分析的结果作为决策的参考。

以下是主要的用户群体及其可能受到的影响：

1）财务部门：成本分析是财务部门的核心工作之一。通过对成本的详细分析，财务部门可以更准确地制定预算，预测未来的成本趋势，从而帮助企业做出更明智的财务决策。此外，成本分析还有助于发现成本控制的问题，提出改进措施，从而降低企业的运营成本。

2）生产部门：生产部门是成本分析的主要执行者之一。通过对生产过程中的成本进行分析，生产部门可以更好地理解生产成本的构成，找出降低成本的方法。例如，改进生产工艺、提高生产效率、减少浪费等。这不仅可以降低生产成本，还可以提高产品质量和客户满意度。

3）销售部门：销售部门可以通过成本分析了解产品的成本结构，从而更准确地制定销售策略和价格策略。同时，成本分析还可以帮助销售部门了解客户的需求和偏好，以便更好地满足客户的需求，提高客户满意度和忠诚度。

4）采购部门：采购部门可以通过成本分析了解原材料、设备等采购成本的变化趋势，从而更准确地制定采购计划和预算。此外，成本分析还可以帮助采购部门与供应商进行更有效的谈判，降低采购成本，提高采购效率。

5）管理层：管理层可以通过成本分析了解企业的整体成本状况和经营效率，从而制定更合理的经营策略和管理决策。同时，成本分析还可以帮助管理层评估各部门的业绩和贡献，以便更好地进行资源分配和奖惩激励。

3. 明确需求

通过分析需求对系统的业务模块、面向人群有了基本的认知，接下来要进一步明确系统的需求目标。

为了完成智能耳机成本分析系统的需求分析，需要明确两个概念：成本数据分析指标以及成本数据分析模型。

（1）成本数据分析指标

成本情况：成本情况是一个综合指标，它是指某个订单交付以后所付出的各项成本。本任务成本分析的成本包括：物料成本、用人成本、销售成本、其他成本信息，此项指标可以揭示企业总体的成本情况，为采购以及用人提供参考。

订单金额是每个订单的销售金额，此数据可以为企业的销售提供一定的方向指引。

回款金额对于企业来说是一个非常重要的指标，它对企业的现金流起到至关重要的作用。回款金额高，会为企业的后续决策提供资金支撑。

（2）成本数据分析模型

在智能耳机成本分析系统中主要采用描述性统计模型描述成本数据的基本特征。

对于智能耳机成本分析系统，目标见表9-1。

表 9－1　智能耳机成本分析目标

项目名称	智能耳机成本分析系统
项目目标	通过成本分析为财务部门、生产部门、销售部门、采购部门、管理层提供数据支撑，有利于企业后续的发展决策
数据来源	公司内部的销售数据、物料成本数据、用人成本数据等，将这些数据汇总处理之后，形成成本分析数据
数据指标	订单号、采购数量、订单数、订单时间、订单金额（万元）、产品名称、单价、原材料费用（万元）、物料成本（万元）、工资成本（万元）、销售成本（万元）、其他成本（万元）、成本合计（万元）、盈利（万元）、收款（万元）
需求	1. 月份成本数据明细展示 2. 关键成本指标大屏展示 3. 年度销售与成本金额分析 4. 年度销售与回款金额分析 5. 年度盈利分析 6. 年度各月份各成本金额分析
成果	成本分析可视化大屏、成本分析报告

任务 9.2　初始化系统

9.2.1　任务描述

通过本任务加深对系统初始化的认识，掌握机构类型创建、机构数据管理、首页、登录页创建的方法和步骤，理解并掌握机构类型与机构数据管理的关联方法。

9.2.2　任务实现

1. 新建机构数据

1）单击系统菜单"参数配置"下的"机构数据管理"，在界面左侧的"行政组织"列表面板中，选中并单击"行政组织"，单击工具栏的"新建下级"按钮。

初始化系统 1

2）在界面右侧的"机构代码"框中输入"90001"，在"机构名称"框中输入"智能耳机成本分析系统"，单击工具栏的"保存"按钮，保存数据。

3）单击"行政组织"下拉框，选择"久其软件"机构类型，单击工具栏的"关联创建"按钮，在打开的窗口中选择机构数据"智能耳机成本分析系统"及其子级，单击"确定"按钮，保存关联数据。

2. 新建登录页

1）单击系统菜单中的"参数配置"，单击子菜单中的"登录页管理"。

2）在新打开的"登录页管理"界面，单击右上角的"新增登录页"按钮，在"全局设置"界面，在"标题属性"下的"名称"文本框中输入"智能耳机成本分析系统登录页"，"路径"输入"znej"（注意只能输入小写字母和数字）。

3）在"门户主题"配置项中，可以看到平台内置的几个登录页主题，选择其中一个进行配置，比如选择"主题1"并单击，打开主题1登录页。

4）单击主题1登录窗体，可以对其进行配置，单击登录窗体如图9-1所示。

图9-1 单击登录窗体

5）在右侧登录窗体配置选项中，取消勾选"显示logo"，勾选"显示标题"，将"标题名称"修改为"智能耳机成本分析系统"，如图9-2所示。

图9-2 登录配置

6）依次单击右上角的"保存""发布"按钮使配置生效。

7）重新打开一个浏览器，在浏览器地址栏输入"http://数字技术应用实践平台域名/#/login/znej"或者"http://数字技术应用实践平台IP：端口号/#/login/znej"，按<Enter>键后即可访问"智能耳机成本分析系统"登录页，如图9-3所示。

图9-3 访问登录页

3. 新建首页

1）单击系统菜单中的"参数配置"，单击子菜单中的"首页配置"，打开"首页配置"界面，单击右上角的"添加首页"按钮。

初始化系统2

2）在新打开的界面右侧，有"设置全局属性"面板，可以设置首页名称、主题、布局、页面设置等，在"首页名称"文本框中输入"智能耳机成本分析系统首页"，主题选择"空白"。

3）拖拽"轮播图"至上方，"常用功能"组件至左下方，拖拽"访问量"组件至右下方，调整组件位置和大小，如图9-4所示。

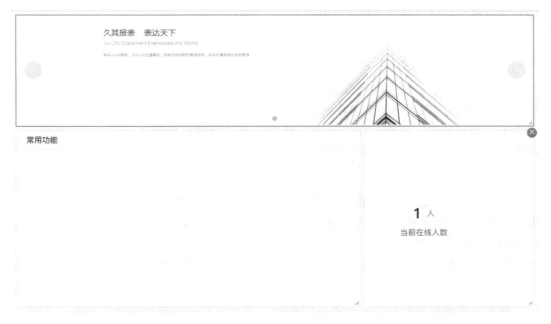

图9-4 首页布局

4）选中"轮播图"，"轮播方式"修改为"卡片轮播"，单击"图片编辑"，删掉其他的图片，单击"＋"按钮上传图片，选择首页图片目录下的"banner1. jpg""banner2. jpg""banner3. jpg"图片，如图9－5所示。

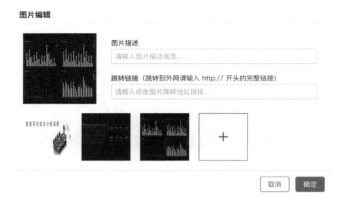

图 9－5　轮播图片

5）依次单击"保存""发布"按钮生效配置数据。

任务9.3　创建数据方案

9.3.1　任务描述

本任务主要实现数据方案的创建和设计，具体包括数据方案的创建、数据明细表的创建与设计，以及数据表的维度管理。

9.3.2　任务实现

1. 新建数据方案分组

单击系统菜单中的"参数配置"，找到"数据模型"，单击"数据建模"，在页面左侧找到"全部数据方案"并单击选中，然后在工具栏中单击"新增分组"按钮，在"名称"框中输入"智能耳机成本分析系统"，单击"确定"按钮保存数据。

创建数据方案

2. 新建数据方案

在工具栏中单击"新增数据方案"按钮，弹出"新增数据方案"窗口，在"名称"框中输入"智能耳机成本分析方案"，"标识"框中输入"ZNEJCBFXFA"，"主维度"选择组织机构中的"久其软件"，"时期"选择"月"，"所属分组"选择"智能耳机成本分析系统"，单击"确定"按钮保存数据。

3. 新建数据明细表

单击方案数据操作栏中的"设计"按钮，单击工具栏中的"新增"按钮，在展开的选项中找到"新增明细表"并单击，弹出"新增明细表"窗口，在"名称"框中输入"智能耳机成本分析方案明细表"，"标识"框中输入"ZNEJCBFXFAMXB"，"汇总方式"选择"不汇总",单击"确定"按钮保存数据。

4．新建字段信息

1）单击数据方案列表中的"智能耳机成本分析方案明细表",然后单击工具栏的"新增字段"按钮,在新打开的窗口中,"名称"框输入"订单编号","标识"框输入"DDBH","数据类型"选择"字符","长度"输入"150","汇总方式"选择"不汇总",其他信息使用默认值,单击"确定并继续"按钮继续新增字段。

2）使用同样方法新增剩余字段,具体配置见表9-2。

表9-2　数据明细表字段设置

名称	代码	数据类型	长度/精度	小数位	可为空	默认值	计量类别	汇总方式
订单编号	DDBH	字符	150		是			不汇总
采购数量	CGSL	数值	20	2	是		不设置量纲	不汇总
订单时间	DDSJ	日期			否			不汇总
订单数	DDS	整数	10		是	1	不设置量纲	不汇总
订单金额	DDJE	数值	20	2	是		金额	不汇总
产品名称	CPMC	字符	150		否			不汇总
单价	DJ	数值	20	2	是		金额	不汇总
原材料费用	YCLFY	数值	20	2	是		金额	不汇总
物料成本	WLCB	数值	20	2	是		金额	不汇总
工资成本	GZCB	数值	20	2	是		金额	不汇总
销售成本	XSCB	数值	20	2	是		金额	不汇总
其他成本	QTCB	数值	20	2	是		金额	不汇总
成本合计	CBHJ	数值	20	2	是		金额	不汇总
收款	SK	数值	20	2	是		金额	不汇总
盈利	YL	数值	20	2	是		金额	不汇总

3）单击工具栏的"维度管理",在弹出的"维度管理"窗口中勾选"订单时间""产品名称",单击"确定"按钮,保存数据,如图9-6所示。

4）单击工具栏的"发布"按钮。

任务9.4　制作数据表样

9.4.1　任务描述

在数据方案创建完成以后,下一步就是对数据表的表样设计与规则制定,在本任务中具体实现智能耳机成本分析系统数据表样的创建与设计。

图9-6　选择维度字段

9.4.2　任务实现

1. 新建任务分组

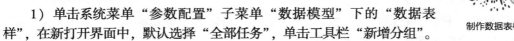

制作数据表样

1）单击系统菜单"参数配置"子菜单"数据模型"下的"数据表样"，在新打开界面中，默认选择"全部任务"，单击工具栏"新增分组"。

2）在"任务分组"窗口中，"名称"输入"智能耳机成本分析系统"，然后单击"确定"按钮。

2. 新建任务

1）在任务列表中，选择"智能耳机成本分析系统"。

2）单击工具栏中的"新增任务"按钮，弹出"创建任务"窗口，单击"数据方案"，在下拉框中选择并单击"智能耳机成本分析系统"下的"智能耳机成本分析方案"，然后单击"确定"按钮保存数据，进入任务设计界面。

3. 设计数据表样

1）在任务设计窗口找到右侧"任务属性"面板，"任务名称"修改为"智能耳机成本分析任务"，"任务开始时间"修改为"2022年1月"，然后单击工具栏中的"保存"按钮。

2）右击"工作表1"标签，选择"报表属性"，"报表名称"修改为"智能耳机成本数据"。

3）在数据表样编辑区域，从"A1"开始向右依次添加报表表头"订单编号""采购数量""订单数""订单时间""订单金额（万元）""产品名称""单价""原材料费用（万元）""物料成本（万元）""工资成本（万元）""销售成本（万元）""其他成本（万元）""成本合计（万元）""盈利（万元）""收款（万元）"。

4）设置第2行为浮动行。

5）选择第2行，右击单元格选择"指标映射"，选择"智能耳机成本分析方案"下面的"智能耳机成本分析方案明细表"中相应字段逐一进行映射（注意检查报表表头与映射字段的名称是否匹配）。

6）删除多余行和列，然后单击工具栏中的"保存"按钮。

7）定义成本合计计算公式。

a）选择窗口上方的"公式"面板，单击工具栏中的"全部公式"按钮，打开当前报表的公式编辑界面，如图9-7所示。

图9-7　单击"全部公式"按钮

b）单击第1个公式对应的"编辑"按钮。

c）打开"公式编辑器"界面后，首先选择"指标代码"。

d）成本合计计算公式为：

成本合计 = 原材料费用 + 物料成本 + 工资成本 + 销售成本 + 其他成本

在“当前公式”的输入框输入：ZNEJCBFXFAMXB［CBHJ］= ZNEJCBFXFAMXB［YCLFY］+ ZNEJCBFXFAMXB［WLCB］+ ZNEJCBFXFAMXB［GZCB］+ ZNEJCBFXFAMXB［XSCB］+ ZNEJCBFXFAMXB［QTCB］。

e）单击公式说明右侧的“生成”按钮，生成公式说明。

f）单击“公式编辑器”界面右上角的“确定”按钮。

g）单击工具栏中的“保存”按钮。

h）单击工具栏中的“发布”按钮，选择“发布当前公式方案”，然后单击“关闭”按钮。

8）单击工具栏中的“保存”按钮。

9）单击工具栏中的“发布”按钮。

任务 9.5　录入数据

9.5.1　任务描述

本任务根据数据表样录入智能耳机成本分析所需要的数据，并对录入数据进行公式计算，得到成本合计的结果。

9.5.2　任务实现

录入数据

1）单击系统菜单中的“参数配置”，选择子菜单中的“数据录入”，在“全部任务”选择窗口单击“智能耳机成本分析任务”进入“数据录入”页面。

2）在“数据录入”的左上角有选择日期的标签，单击日期标签，选择 2022 年 1 月。

3）打开平台提供的案例资源数据目录下面的“耳机成本管理数据 - 2022. xlsx”，复制 1 月表格中的数据，如图 9 - 8 所示。

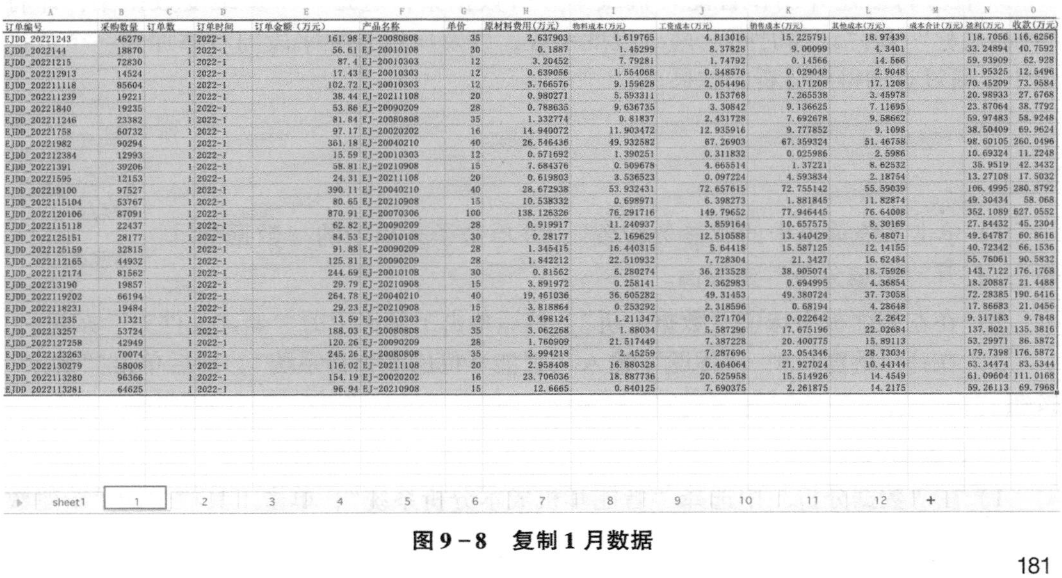

订单编号	采购数量	订单数	订单时间	订单金额（万元）	产品名称	单价	原材料费用(万元)	物料成本(万元)	工资成本(万元)	销售成本(万元)	其他成本(万元)	成本合计(万元)	盈利(万元)	收款(万元)
EJDD_20221243	46279	1	2022-1	161.98	EJ-20080808	35	2.637903	1.619765	4.813016	15.225791	18.97439		118.7056	116.6256
EJDD_2022144	18870	1	2022-1	56.61	EJ-20010108	30	0.1887	1.45299	8.37828	9.00099	4.3401		33.24894	40.7592
EJDD_20221215	72830	1	2022-1	87.4	EJ-20010303	12	3.20452	7.79281	1.74792	0.14566	14.566		59.93909	62.928
EJDD_202212913	14524	1	2022-1	17.43	EJ-20010303	12	0.639056	1.554068	0.348576	0.029048	2.9048		11.95325	12.5496
EJDD_202211118	85604	1	2022-1	102.72	EJ-20010303	12	3.766576	9.159628	2.054496	0.171208	17.1208		70.45209	73.9584
EJDD_202211239	19221	1	2022-1	38.44	EJ-20211108	20	0.980271	5.593311	0.153768	7.265538	3.45978		20.98933	27.6768
EJDD_20221840	19235	1	2022-1	53.86	EJ-20090209	28	0.788635	9.636735	3.30842	9.136625	7.11695		23.87064	38.7792
EJDD_202211246	23382	1	2022-1	81.84	EJ-20080808	35	1.332774	0.81837	2.431728	7.692678	9.58662		59.97483	58.9248
EJDD_20221758	60732	1	2022-1	97.17	EJ-20020202	16	14.940072	11.903472	12.935916	9.777852	9.1098		38.50409	69.9624
EJDD_20221982	90294	1	2022-1	361.18	EJ-20040210	40	26.546436	49.932582	67.26903	67.359324	51.46758		98.60105	260.0496
EJDD_202212384	12993	1	2022-1	15.59	EJ-20010303	12	0.571692	1.390251	0.311832	0.025986	2.5986		10.69324	11.2248
EJDD_20221391	39206	1	2022-1	58.81	EJ-20210908	15	7.684376	0.509678	4.665514	1.37221	8.62532		35.9519	42.3432
EJDD_20221595	12153	1	2022-1	24.31	EJ-20211108	20	0.619803	3.536523	0.097224	4.593834	2.18754		13.27108	17.5032
EJDD_202219100	97527	1	2022-1	390.11	EJ-20040210	40	28.672938	53.932431	72.657615	72.755142	55.59039		106.4995	280.8792
EJDD_2022115104	53767	1	2022-1	80.65	EJ-20210908	15	10.538332	0.698971	6.398273	1.881845	11.82874		49.30434	58.068
EJDD_2022120106	87091	1	2022-1	870.91	EJ-20070306	100	138.126326	76.291716	149.79652	77.946445	76.64008		352.1089	627.0552
EJDD_2022115118	22437	1	2022-1	62.82	EJ-20090209	28	0.919917	11.240937	3.859164	10.657575	8.30169		27.84432	45.2304
EJDD_2022125151	28177	1	2022-1	84.53	EJ-20010108	30	0.28177	2.169629	12.510588	13.440429	6.48071		49.64787	60.8616
EJDD_2022125159	32815	1	2022-1	91.88	EJ-20090209	28	1.345415	16.440315	5.64418	15.587125	12.14155		40.72342	66.1536
EJDD_2022112165	44932	1	2022-1	125.81	EJ-20090209	28	1.842212	22.510932	7.728304	21.3427	16.62484		55.76061	90.5832
EJDD_2022112174	81562	1	2022-1	244.69	EJ-20010108	30	0.81562	6.280274	36.213528	38.905074	18.75926		143.7122	176.1768
EJDD_202213190	19857	1	2022-1	29.79	EJ-20210908	15	3.891972	0.258141	2.362983	0.694995	4.36854		18.20887	21.4488
EJDD_2022119202	66194	1	2022-1	264.78	EJ-20040210	40	19.461036	36.605282	49.31453	49.380724	37.73058		72.28385	190.6416
EJDD_2022118231	19484	1	2022-1	29.23	EJ-20210908	15	3.818864	0.253292	2.318596	0.68194	4.28648		17.86683	21.0456
EJDD_202211235	11321	1	2022-1	13.59	EJ-20010303	12	0.498124	1.211347	0.271704	0.022642	2.2642		9.317183	9.7848
EJDD_202213257	53724	1	2022-1	188.03	EJ-20080808	35	3.062268	1.88034	5.587296	17.675196	22.02684		137.8021	135.3816
EJDD_2022127258	42949	1	2022-1	120.26	EJ-20090209	28	1.760909	21.517449	7.387228	20.400775	15.89113		53.29971	86.5872
EJDD_2022123263	70074	1	2022-1	245.26	EJ-20080808	35	3.994218	2.45259	7.287696	23.054346	28.73034		179.7398	176.5872
EJDD_2022130279	58008	1	2022-1	116.02	EJ-20211108	20	2.958408	16.880328	0.464064	21.927024	10.44144		63.34474	83.5344
EJDD_2022113280	96366	1	2022-1	154.19	EJ-20020202	16	23.706036	18.887736	20.525958	15.514926	14.4549		61.09604	111.0168
EJDD_2022113281	64625	1	2022-1	96.94	EJ-20210908	15	12.6665	0.840125	7.690375	2.261875	14.2175		59.26113	69.7968

图 9 - 8　复制 1 月数据

4）回到“数据录入”界面，将复制的数据粘贴到“2022 年 1 月”的录入区域（注意和表头下方的单元格对齐），粘贴后部分数据如图 9－9 所示。

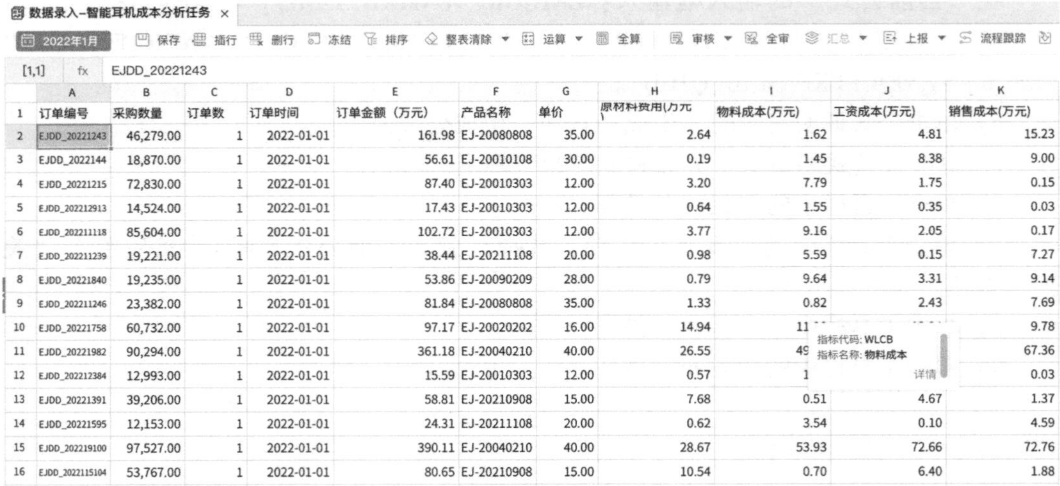

	A	B	C	D	E	F	G	H	I	J	K
1	订单编号	采购数量	订单数	订单时间	订单金额（万元）	产品名称	单价	原材料费用(万元)	物料成本(万元)	工资成本(万元)	销售成本(万元)
2	EJDD_20221243	46,279.00	1	2022-01-01	161.98	EJ-20080808	35.00	2.64	1.62	4.81	15.23
3	EJDD_2022144	18,870.00	1	2022-01-01	56.61	EJ-20010108	30.00	0.19	1.45	8.38	9.00
4	EJDD_20221215	72,830.00	1	2022-01-01	87.40	EJ-20010303	12.00	3.20	7.79	1.75	0.15
5	EJDD_202212913	14,524.00	1	2022-01-01	17.43	EJ-20010303	12.00	0.64	1.55	0.35	0.03
6	EJDD_202211118	85,604.00	1	2022-01-01	102.72	EJ-20010303	12.00	3.77	9.16	2.05	0.17
7	EJDD_202211239	19,221.00	1	2022-01-01	38.44	EJ-20211108	20.00	0.98	5.59	0.15	7.27
8	EJDD_20221840	19,235.00	1	2022-01-01	53.86	EJ-20090209	28.00	0.79	9.64	3.31	9.14
9	EJDD_202211246	23,382.00	1	2022-01-01	81.84	EJ-20080808	35.00	1.33	0.82	2.43	7.69
10	EJDD_20221758	60,732.00	1	2022-01-01	97.17	EJ-20020202	16.00	14.94	11[illegible]	[illegible]	9.78
11	EJDD_20221982	90,294.00	1	2022-01-01	361.18	EJ-20040210	40.00	26.55	49[illegible]	[illegible]	67.36
12	EJDD_202212384	12,993.00	1	2022-01-01	15.59	EJ-20010303	12.00	0.57	1[illegible]	[illegible]	0.03
13	EJDD_20221391	39,206.00	1	2022-01-01	58.81	EJ-20210908	15.00	7.68	0.51	4.67	1.37
14	EJDD_20221595	12,153.00	1	2022-01-01	24.31	EJ-20211108	20.00	0.62	3.54	0.10	4.59
15	EJDD_202219100	97,527.00	1	2022-01-01	390.11	EJ-20040210	40.00	28.67	53.93	72.66	72.76
16	EJDD_202115104	53,767.00	1	2022-01-01	80.65	EJ-20210908	15.00	10.54	0.70	6.40	1.88

图 9－9　录入后数据

5）单击工具栏中的“保存”按钮。

6）使用同样方法依次录入 2022 年 2 月至 12 月的数据。

7）每录入一个月份的数据都要单击工具栏中的“保存”按钮。

8）录入完成后单击工具栏中的“全算”按钮，保证每个月份的“成本合计”都有计算结果。

任务 9.6　创建数据集

9.6.1　任务描述

本任务将创建并制作智能耳机成本分析数据集，这是一个多维度数据集，即将“产品名称”和“订单时间”两个维度字段，以及所有指标字段同时添加到一个数据集中，通过查询得到分析的结果。

9.6.2　任务实现

1. 新建数据分析文件夹

创建数据集

1）单击系统菜单中的“参数配置”，并单击子菜单中的“数据分析”，打开“数据分析”主界面。

2）在左侧面板中选中“数据分析”，然后单击工具栏中的“新建文件夹”按钮。

3）在弹出的窗口中，“标题”输入“智能耳机成本分析系统”，然后单击“确定”按钮。

2. 新建查询数据集

1）在“数据分析”中选择“智能耳机成本分析系统”，单击工具栏中的“新建数据集"按钮，在下拉框中选择并单击"查询数据集"。

2）在弹出的"新建查询数据集"窗口中，"标识"输入"ZNEJ"，"标题"输入"数据集-智能耳机"，单击"确定"按钮进入数据集设计界面。

3.设计数据集

1）在"数据集-智能耳机"设计主界面，单击"按表样添加"按钮，单击"任务"下拉列表框选择"智能耳机成本分析任务"。

2）将"采购数量""订单数""订单金额（万元）""单价""原材料费用（万元）""物料成本（万元）""工资成本（万元）""销售成本（万元）""其他成本（万元）""成本合计（万元）""盈利（万元）""收款（万元）"添加到指标，如图9-10所示。

图9-10 选择指标字段

3）单击"确定"按钮回到数据集设计界面。

4）在"数据集-智能耳机"设计界面的"可选维度"中，全选"订单时间"和"产品名称"。

5）设置起始月份为"2022年1月"，单击"查询"按钮，部分结果如图9-11所示。

图9-11 数据查询结果

6）单击工具栏中的"保存"按钮。

7）单击工具栏右上角的"返回上一级"按钮。

任务 9.7　设计分析大屏

9.7.1　任务描述

数据大屏是对数据集不同维度、不同指标字段数据集中展示的重要形式，本任务基于智能耳机成本分析数据集制作可视化大屏，实现效果如图 9－12 所示。

图 9－12　智能耳机成本分析可视化大屏效果

9.7.2　任务实现

1. 新建仪表盘

1）单击系统菜单中的"参数配置"，单击子菜单中的"数据分析"，在"数据分析"界面，选择"数据分析"下的"智能耳机成本分析系统"。

制作可视化大屏 1

2）单击工具栏中的"新建仪表盘"按钮，"标题"输入"智能耳机成本分析可视化大屏"。

2. 设计仪表盘

1）在"智能耳机成本分析可视化大屏"编辑界面，单击工具栏中的"布局"按钮，选择"自由布局"，并设置"宽"为"1920"，"高"为"1080"。

2）可视化大屏区域设计如图 9－13 所示。

使用"文字板块"组件进行区域分割。

图 9－13　可视化大屏区域设计

3）标题区域。

a）单击工具栏中的"更多"按钮，找到"文字板块"，将其拖拽到中间编辑区，在"组件设置"窗口中输入"智能耳机成本分析可视化大屏"，字体大小设置为"48px"，字体颜色设置为"#337FE5"，并且设置为居中，单击"确定"按钮，关闭该窗口。

b）打开"窗口设置"，在"基本属性"中，取消勾选"显示窗口标题"，滑动鼠标至最后，修改窗口尺寸，"宽"设置为"800"，"高"设置为"80"，"窗口位置"设置"左"为"560""上"为"20"。

c）单击右上角的"×"按钮关闭该窗口。

d）单击仪表盘工具栏上的"保存"按钮，然后可以单击"预览"按钮预览大屏效果。

4）指标区域。

a）单击工具栏上的"更多"按钮，找到"文字板块"，将其拖拽到中间编辑区，在"组件设置"窗口中不输入文字，直接单击"确定"按钮。

b）打开"窗口设置"，在"基本属性"中，取消勾选"显示窗口标题"，然后背景颜色设置为"rgba（179，217，245，0.52）"，窗口尺寸设置"宽"为"400"，"高"为"300"，"窗口位置"设置为"左"为"20"，"上"为"100"，如图9－14所示。

智能耳机成本

图 9-14 添加指标卡区域

5）其他区域布局。

a）使用"文字板块"制作其他区域背景，组件配置见表9－3。

表 9-3 其他区域背景设置

文字板块编辑		窗口设置			
文本	颜色/大小	窗口标题	窗口背景图片	窗口尺寸	窗口位置
耳机成本明细表	#6097E0/24	不显示	框背景.png 拉伸展示	宽：1480 高：300	左：424 上：100
各产品成本金额	#6097E0/24	不显示	框背景.png 拉伸展示	宽：935 高：350	左：20 上：410
各产品订单金额、收款和盈利	#6097E0/24	不显示	框背景.png 拉伸展示	宽：935 高：350	左：965 上：410
各月份成本金额	#6097E0/24	不显示	框背景.png 拉伸展示	宽：935 高：320	左：20 上：760
各月份订单金额、收款和盈利	#6097E0/24	不显示	框背景.png 拉伸展示	宽：935 高：320	左：965 上：760

各区域大小和位置可以自行调整。

b）单击仪表盘上的"保存"按钮，单击"预览"按钮，查看布局效果。

3. 设计图表

（1）指标设置

指标使用"文字板块"组件来显示。

制作可视化大屏2

a）将"文本板块"拖拽到"指标区域"，会自动进入"编辑"页面，在"编辑"页面中选择"数据集"，单击"数据集 – 智能耳机"，单击"选择"按钮移动到"已选择"区域，单击"确定"按钮，完成数据集选择，如图 9 – 15 所示。

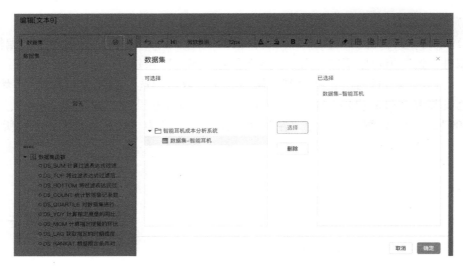

图 9 – 15　选择数据集

b）在编辑区输入"订单总金额"，字体大小设置为"20px"，水平居中，换行后双击数据集字段"订单金额"，然后手动输入"万元"，如图 9 – 16 所示。

图 9 - 16　编辑订单总金额

c）单击"确定"按钮保存数据，然后调整"文字板块"到合适的大小。

d）使用同样的方法添加其他三个指标，配置见表 9 – 4。

表 9 - 4　指标组件设置

指标	数据集	指标字段	文字板块文本
总成本	智能耳机成本分析系统/数据集 – 智能耳机	成本合计	总成本 $ {ZNEJFXFJJ. ZNEJCBFXFAMXB_CBHJ} 万元
总盈利	智能耳机成本分析系统/数据集 – 智能耳机	盈利	总盈利 $ {ZNEJFXFJJ. ZNEJCBFXFAMXB_YL} 万元
总收款	智能耳机成本分析系统/数据集 – 智能耳机	收款	总收款 $ {ZNEJFXFJJ. ZNEJCBFXFAMXB_SK} 万元

设置效果如图 9 - 17 所示。

（2）耳机成本明细表

a）单击工具栏上的"更多"按钮，在展开面板中选择"明细表"，拖拽至编辑区域，如图 9 - 18 所示。

图 9 - 17　指标设置效果

图 9 - 18　添加明细表组件

b）参照背景区域调整组件大小和位置。

c）"数据集"选择"智能耳机成本分析系统"下的"数据集 – 智能耳机"。

d）调整其他相关配置，效果如图 9 - 19 所示。

图 9 - 19　耳机成本明细表效果

（3）各产品成本金额

a）单击工具栏上的"更多"按钮，在展开面板中选择"折线直方图"，拖拽至编辑区域。

b）参照背景区域调整组件大小和位置。

c）"数据集"选择"智能耳机成本分析系统"下的"数据集 – 智能耳机"。

制作可视化大屏 3

d）"横轴"选择"产品名称"，"左轴序列"选择"原材料费用""物料成本""工资成本""销售成本"和"其他成本"，"时间轴"选择"时期"。

e）调整其他相关配置，效果如图9-20所示。

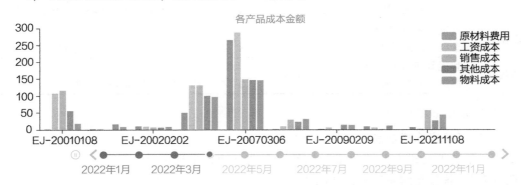

图9-20　各产品成本金额效果

（4）各产品订单金额、收款和盈利

a）单击工具栏上的"更多"按钮，在展开面板中选择"折线直方图"，拖拽至编辑区域。

b）参照背景区域调整组件大小和位置。

c）"数据集"选择"智能耳机成本分析系统"下的"数据集-智能耳机"。

d）"横轴"选择"产品名称"，"左轴序列"选择"订单金额""收款"和"盈利"，"时间轴"选择"时期"。

e）调整其他相关配置，效果如图9-21所示。

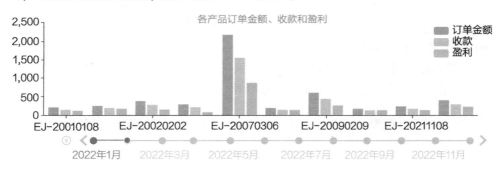

图9-21　各产品订单金额、收款和盈利效果

（5）各月份成本金额

a）单击工具栏上的"更多"按钮，在展开面板中选择"折线直方图"，拖拽至编辑区域。

b）参照背景区域调整组件大小和位置。

c）"数据集"选择"智能耳机成本分析系统"下的"数据集-智能耳机"。

制作可视化大屏4

d）"横轴"选择"时期"，"左轴序列"选择"原材料费用""物料成本""工资成本""销售成本"和"其他成本"，"序列类型"选择"折线"。

e）调整其他相关配置，效果如图 9 – 22 所示。

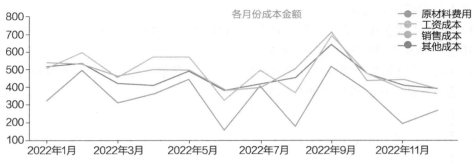

图 9 – 22　各月份成本金额效果

（6）各月份订单金额、收款和盈利

a）单击工具栏上的"更多"按钮，在展开面板中选择"折线直方图"，拖拽至编辑区域。

b）参照背景区域调整组件大小和位置。

c）"数据集"选择"智能耳机成本分析系统"下的"数据集 – 智能耳机"。

d）"横轴"选择"时期"，"左轴序列"选择"订单金额""收款"和"盈利"，"序列类型"选择"折线"。

e）调整其他相关配置，效果如图 9 – 23 所示。

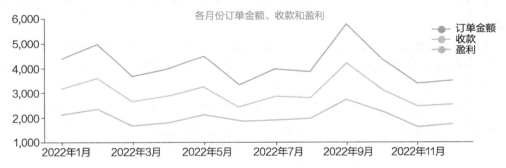

图 9 – 23　各月份订单金额、收款和盈利效果

4．发布数据大屏

1）新建系统发布菜单。

a）切换"数字技术应用实践平台"至编辑模式。

b）在系统资源列表面板，单击"添加同级"按钮，在界面右侧出现节点属性设置面板，在"基本设置"的"标题"中输入"智能耳机成本分析系统"。

c）单击主界面右上角的"保存"按钮。

2）新建可视化大屏菜单。

a）选中"智能耳机成本分析系统"，单击"添加下级"，在界面右侧出现节点属性设置面板，在"基本设置"中，"绑定模块"输入"模板查看"，"标题"修改为"智能耳机成本分析大屏"，"打开方式"选择"浏览器页签"菜单。

b）在中间"自定义配置"中，模板选择"智能耳机成本分析系统"下的"智能耳机成本分析可视化大屏"。

3）单击"数字技术应用实践平台"编辑界面右上角的"保存"按钮，单击"发布"按钮，单击"退出"按钮退出编辑模式。

4）单击系统菜单"智能耳机成本分析系统"子菜单"智能耳机成本分析可视化大屏"查看发布的大屏，效果如图9-12所示。

任务9.8　设计分析报告

9.8.1　任务描述

本任务介绍数据分析报告的设计，具体包含数据分析报告模板的创建、编辑以及分析报告的发布。

9.8.2　任务实现

1. 绑定分析报告功能

发布系统

1）将"数字技术应用实践平台"切换至编辑模式。

2）在左侧菜单栏中选中"智能耳机成本分析系统"，单击"新建下级"，在"绑定应用"中输入"分析报告"，在标题栏输入"智能耳机成本分析报告"。

3）单击工具栏中的"保存"按钮，单击"发布"按钮，单击"退出"按钮退出编辑模式。

4）单击系统菜单"智能耳机成本分析系统"下的"智能耳机成本分析报告"，在打开页面的模板资源列表上的"模板分组"中单击"新增分组"，"组名"输入"智能耳机成本分析系统"，单击"确定"按钮。

5）继续在创建好的"智能耳机成本分析系统"分组下，单击"新建模板"，在"模板名称"栏输入"智能耳机成本分析报告"，完成数据分析报告模板的创建。

2. 编写分析报告

（1）设置维度

单击工具栏中的"设置"按钮，单击"＋"按钮后选择"添加单位维度"，选择"久其软件"。继续单击"＋"按钮，选择"添加时期维度"，"周期类型"为"年"，"时期范围"选择"2022年1月-2022年12月"。

（2）设置报告标题和前言基本格式

单击"智能耳机成本分析报告"进入报告编写页面。首先，设计标题，标题为"智能耳机成本分析报告"，将样式设置为"标题1""宋体""一号"，并设置居中。然后录入"前言"，"前言"的配置为"标题3""宋体""二号"，并设置居中。接下来，编写前言内容，其设置为"段落""宋体""4号"。

（3）编写前言内容

编写前言内容："企业之间的竞争说到底就是经济之间的竞争，所以如果企业能做到精打细算、加强成本管理控制，那就能在激烈的市场竞争中取得持续性的竞争优势。

很多企业都觉得自身发展的关键在于提升营业额，但事实上，成本控制才是最关键的。因为一般情况下，成本降低的幅度要比利润增加的幅度大，即成本降低10%，利润可能会增长20%甚至更多。

"良好的成本控制管理可以有效降低产品成本，提高企业生产能力、资源利用率和市场竞争能力，进而提高企业的盈利能力，最终实现可持续发展的目标。"

（4）设置正文基本格式

然后录入"数据分析"，"数据分析"的配置为"标题3"、"宋体"、"二号"，并设置居中。接着编写正文内容，其设置为"段落""宋体""4号"，内容如下：

1）各产品成本金额分析。

在审视耳机生产过程中的成本构成时，考虑了以下关键因素：原材料费用、物料成本、工资成本、销售成本以及其他成本。这些成本因素共同构成了产品的总成本，直接影响着产品的定价、利润率以及市场竞争力。

各产品在不同月份的成本金额统计如图9-24所示。

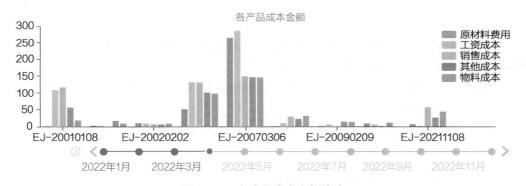

图9-24　各产品成本金额统计

2022年4月份，EJ-20070306是数据分析中的一个关键产品，它在不同的成本构成要素中表现出独特的特点，尤其是在原材料费用和工资成本方面。

a）原材料费用，对于EJ-20070306，其原材料费用远高于其他耳机产品，平均达到266.53万元。这一点表明，该产品可能采用了高端的、成本更高的原材料来提升产品性能和用户体验。这种成本投入有助于提升产品的市场竞争力，尤其是在追求高品质消费体验的消费者群体中。

b）工资成本，工资成本是EJ-20070306的另一个显著特点，平均值高达298.04万元。这反映了该产品的生产过程可能更为复杂，需要高技能的工人进行精细加工，从而导致了更高的工资成本。

c）销售成本，销售成本同样不低，平均为150.40万元，表明了该产品在市场推广和销售方面的大量投入，以确保产品能够成功打入目标市场，建立品牌影响力。

d）其他成本，其他成本也是一个不可忽视的因素，平均值为147.89万元，可能包括了设备折旧、行政管理费用等，这些成本的控制对于整体成本管理具有重要意义。

总体而言，EJ-20070306在不同成本构成要素上的高投入反映了其高端产品定位和市场策略。通过对这些成本的细致管理和优化，可以进一步提升产品的市场竞争力和盈利能力。这种成本分析不仅有助于理解产品的成本结构，还能指导企业在未来的产品开发和市场定位中做出更加明智的决策。

2）各产品订单金额、收款和盈利。

各产品在不同月份的订单金额、收款和盈利情况如图9-25所示。

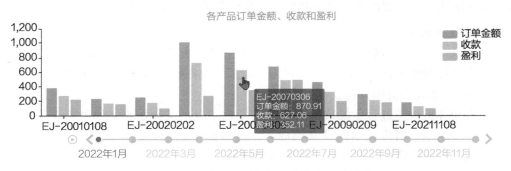

图9-25　各产品订单金额、收款和盈利统计

a）对于EJ-20070306（高端产品）：

订单金额：1月份的平均订单金额为870.91万元，这是一个相对较高的数值，表明该产品在市场上具有较强的需求和较高的单价。

收款：平均收款为627.05万元，收款金额较订单金额有所差异，可能反映了收款周期或客户支付习惯的影响。

盈利：平均盈利为352.11万元，显示了该产品良好的利润率，反映出高端产品的市场定位和较高的成本控制能力。

b）对于EJ-20010108（中端产品）：

订单金额：1月份的平均订单金额为385.83万元，相对于其他类型产品而言比较低。

收款：平均收款金额为277.80万元，与订单金额一样，相对于其他类型产品而言比较低。

盈利：1月份的平均盈利为226.61万元，与其他类型产品比较，排序为中上。

c）对于EJ-20080808（低端产品）：

订单金额：1月份的平均订单金额为677.11万元，这表明了该产品在市场上的中等定位。

收款：平均收款为487.52万元，收款金额与订单金额较为接近，表明了较快的回款速度或较高的客户支付意愿。

盈利：平均盈利为496.22万元，考虑到盈利金额与订单金额相近，这可能反映了较高的成本控制效率或较低的成本结构。

3）各月份成本数据。

各月份成本金额统计情况如图9-26所示。

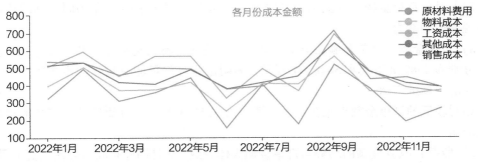

图9-26 各月份成本金额统计

计算每个月所有产品的成本数据的平均值，包括原材料费用、物料成本、工资成本、销售成本以及其他成本，由此分析整体趋势和特点。

根据各月份的平均成本数据分析，可以观察到以下趋势和特点：

a）原材料费用：原材料费用在全年中有波动，2月和9月的平均原材料费用较高，分别为493.70万元和515.78万元，这可能反映了原材料价格的季节性变化或采购量的增加。

b）物料成本：物料成本也显示出一定的波动性，2月和9月较高，分别为503.37万元和564.65万元，这可能与生产计划或市场需求变化有关。

c）工资成本：工资成本在9月达到峰值，平均为691.79万元，这可能是因为生产高峰期导致的加班费用增加或员工激励政策的实施。

d）销售成本：销售成本在9月较高，为712.92万元，这可能与市场推广活动的加强或销售渠道扩展有关。

e）其他成本：其他成本在9月也显示最高的平均值，这部分成本可能包括行政开支、租金、设备折旧等，其变化可能与企业经营活动的整体规模扩展有关。

综上所述，成本数据的月度分析揭示了企业运营成本在不同时间段的变化规律。这些变化可能受到多种因素的影响，包括市场需求的季节性变动、原材料价格的波动、生产计划的调整、销售和市场推广活动的增强，以及企业经营规模的扩展等。

4）各月份订单金额、收款和盈利。

各月份订单金额、收款和盈利数据统计情况如图9-27所示。

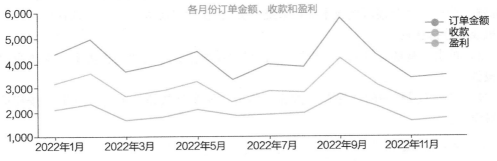

图9-27 各月份订单金额、收款和盈利数据统计

对各月份订单金额、收款和盈利情况进行分析，展示了企业在不同时间段内的财务表现和盈利能力：

a）订单金额：订单金额在全年中呈现波动趋势，特别是在2月和9月达到较高水平，分别为4989.8万元和5848.04万元，表明这些月份可能有较强的市场需求或进行了有效的市场推广活动。

相对较低的订单金额出现在6月，平均为3331.3万元，可能反映了市场需求的季节性减弱。

b）收款：收款金额的趋势与订单金额大体一致，9月同样是收款金额最高的月份，平均为4210.58万元，这表明了良好的销售执行和收款效率。

6月的收款金额最低，平均为2398.51万元，与订单金额较低的趋势相符，反映了可能的市场需求减少或收款周期延长。

c）盈利：盈利在全年中同样表现出波动，9月的平均盈利最高，为2721.88万元，可能得益于有效的成本控制和市场需求的增加。

相比之下，3月的平均盈利最低，为1658.15万元，这可能是由于销售减少或成本上升导致的。

这些分析结果揭示了企业在不同月份的经营活动和市场表现之间存在显著的差异，突出了市场需求的季节性波动、销售执行和收款效率，以及盈利能力的变化。企业可以利用这些信息来优化其销售策略、成本控制措施和财务规划，以应对市场需求的变化和提高经营效益。

（5）分析总结

录入"分析总结"，"分析总结"的配置为"标题3""宋体""二号"，并设置为居中。接着编写总结内容，其设置为"段落""宋体""4号"，内容如下：

综上所述，成本数据的月度分析揭示了企业运营成本在不同时间段的变化规律。这些变化可能受到多种因素的影响，包括市场需求的季节性变动、原材料价格的波动、生产计划的调整、销售和市场推广活动的增强，以及企业经营规模的扩展等。

3. 发布系统

1）将"数字技术应用实践平台"切换为编辑模式。

2）单击"智能耳机成本分析系统"，单击"新建下级"，绑定应用为"首页"，在"标题"中输入"智能耳机成本分析系统首页"，在"模板参数"中，选择模板"智能耳机成本分析首页"。

3）单击"智能耳机成本分析报告"，将"模块参数"的"报告类型"修改为"分析报告"。

4）单击工具栏中的"保存"按钮，单击"发布"按钮，单击"退出"按钮退出编辑模式。

4. 首页绑定常用功能

1）在系统菜单"参数配置"下，单击"首页配置"，单击"智能耳机成本分析系统首页"操作按钮"修改首页"。

2）单击"常用功能"组件，单击"添加常用功能"右侧的"＋"按钮，在"配置常用功能"窗口，选择"智能耳机成本分析系统"下面的"智能耳机成本分析大屏"和"智能耳机成本分析报告"，单击"添加"按钮，添加到"我的常用功能"中，然后单击"确定"按钮。

3）单击"首页配置"右上角的"保存"按钮。

4）单击"首页配置"右上角的"发布"按钮。

单元小结

本单元首先引入智能耳机成本分析系统的应用场景，并对系统需求目标进行了说明，然后分多次任务实现数据分析系统中的组织机构创建、数据建模、数据集设计、可视化大屏设计和分析报告的撰写。

单元考评表

考核学生的专业能力和关键能力，采用过程性评价和结果评价相结合、定性评价与定量评价相结合的考核方法，填写考核评价表。注重学生动手能力和在实践中分析问题、解决问题的能力的考核，对于在学习上和应用上有创新的学生给予特别鼓励。

考评项	考评标准	分值	自评	互评	师评
任务完成情况 （50分）	1. 完成需求分析	2			
	2. 完成初始化系统	3			
	3. 完成创建数据模型	5			
	4. 完成制作数据表样	10			
	5. 完成录入数据	5			
	6. 完成成本分析	10			
	7. 完成设计分析大屏	10			
	8. 完成编写分析报告	5			
任务完成效率 （10分）	2个小时之内完成可得满分	10			
表达能力 （10分）	能够清楚地表达本单元讲述的重点	10			
解决问题能力 （10分）	具有独立解决问题的能力	10			
总结能力 （10分）	能够总结本单元的重点	10			
扩展：创新能力 （10分）	具有创新意识	10			
合计		100			

参考文献

[1] 梅长林，范金城. 数据分析方法 [M]. 2 版. 北京：高等教育出版社，2018.

[2] 胡晓军. 数据采集与分析技术 [M]. 2 版. 西安：西安电子科技大学出版社，2023.

[3] 徐茉莉，布鲁斯，斯蒂芬斯，等. 数据挖掘：商业数据分析技术与实践 [M]. 阮敬，严雪林，周暐，译. 北京：清华大学出版社，2018.